Fritjof Capra

프리초프 카프라 / 유권종

<컴북스이론총서>는
현대를 호흡하는 사상가들을 소개합니다.
단순한 사상의 축약, 해제가 아닙니다.
해당 사상가를 연구해 온 전문가가 직접
사상가의 핵심 키워드 10개를 뽑아 해설하고 비평합니다.
인간과 비인간, 현실과 가상, 문화와 야만의
경계를 넘나드는 모든 사상을 싣겠습니다.
오늘을 살아가는 모든 이의 나침반이 되겠습니다.

컴북스이론총서

프리초프 카프라

유권종

대한민국, 서울, 커뮤니케이션북스, 2025

프리초프 카프라

지은이 유권종
펴낸이 박영률

초판 1쇄 펴낸날 2025년 4월 23일

커뮤니케이션북스(주)
출판 등록 제313-2007-000166호(2007년 8월 17일)
02880 서울시 성북구 성북로 5-11
전화 (02) 7474 001, 팩스 (02) 736 5047
commbooks@commbooks.com
www.commbooks.com

ISBN 979-11-430-0173-3 04400

책값은 뒤표지에 표시되어 있습니다.

생명 시스템과 생태문해력의 과학 사상가

오스트리아 빈 태생의 과학자 프리초프 카프라(Fritjof Capra, 1939~)는 1975년에 ≪물리학의 도: 현대 물리학과 동양 신비주의 간 유사점에 대한 탐색(The Tao of Physics: An Exploration of the Parallels Between Modern Physics and Eastern Mysticism)≫을 출판하면서 전 세계에 새로운 학문의 흐름이 형성되었음을 널리 알렸다. 이 책에서 카프라는 현대 물리학이 현대인의 세계관을 고전적인 기계론적 세계관에서 전일론(holism)적 세계관으로, 실체론 혹은 존재론적 세계관에서 인식론적 세계관으로 전환하고 있다는 점을 탐구했다. 아울러 현대 물리학의 세계관과 동양 전통 사상들의 세계관이 상호 유사성을 띤다는 점을 강조했다. "시바 신의 춤: 현대 물리학에 비춰 본 힌두교의 물질관(The Dance of Shiva: The Hindu View of Matter in the Light of Modern Physics)"이라는 논문에서는 우주의 생성과 소멸을 하나의 흐름으로 보고, 그 흐름을 상징하는 시바 신에 대한 인도인의 오래된 신앙을 아원자

세계에 대한 은유로 간주했다. 즉 카프라는 인도의 오래된 신앙에서 유래한 세계관과 현대 물리학의 새로운 세계관의 유사성을 관찰하고 깊은 호기심을 보였다. 스위스 제네바에 소재한 유럽입자물리학연구센터(CERN) 안뜰에 세워진 시바 신의 동상이 이러한 카프라의 뜻깊은 학문적 사색을 기리고 있다.

카프라는 고에너지 물리학자로 출발했지만 전문 영역이 달라졌고, 지금은 시스템 사고(systems thinking)에 입각한 생명 시스템 패러다임 전문가이자 생태문해력 교육 계몽가로 활동하고 있다. 카프라는 현존하는 이론들을 융합해 비생물과 생물을 포괄하는 지구 전체의 생명 시스템 이론을 설계했다. 아울러 지식 대중을 위한 과학서들을 집필하기도 했다. 특히 과학의 대중화, 즉 과학 지식에 대한 대중의 문해력을 높이는 데 지대하게 기여했다. 어려운 과학 이론들을 일반 독자들이 알기 쉽게 은유를 사용해 해설하는 방식은 카프라의 전문성을 잘 보여 준다.

카프라는 현대에 들어와 이루어진 다양한 학문적 성취들을 하나의 맥락으로 엮어 기술해 과학사 혹은 학문사에 뛰어난 업적을 남겼을 뿐 아니라 생태학 사상가로서 지구 살리기 운동을 적극 실천하고 있다. 학문 여정을 시작할 때 전공 영역이었던 물리학에만 머무르지 않고 사이버네틱스, 생화학, 시스템 사고, 인지과학, 생물학, 생태학, 의학, 경제학, 심리학, 인류학, 여성학, 법학, 신학 등 현대 학문의 다양한 분야를 탐구해 그곳에서 산출되는 새로운 지적 흐름들을 포괄적이고 통일적인 패러다임 형성의 역사로 엮었다. 카프라는 첫 저술을 낸 이래 30년 동안 물리학뿐 아니라 과학의 다른 분야나 사회에서 전개되는 세계관·패러다임의 변화들을 면밀하고 체계적으로 탐구했다. 그 덕에 카프라는 현실에 대한 새로운 비전과 문화적 변화가 사회에 미치는 영향에 대해 더욱 깊숙하고 자세하게 알게 되었다. 그 앎의 과정과 내용은 여러 저술들로 출간되었다. 특히 카프라는 2014년 로마대학교 생물학 교수인 피에르 루이지 루이시(Pier Luigi Luisi)와 공저한 ≪시스템적 생명관: 통합적 전망(The Systems View of Life: A Unifying Vision)≫에서 생명의 생물학적·인지적·사회적·생태적 차원을 통합된 비전으로 종합해 다루었다. '카프라 과정(Capra Course)'의 소개 글에 따르면 비평가들은 이 저술이 앞으로 교과서가 될 것이라고 말하며 그 중요성을 높게 평가한다. 카프라는 이 책이 자신의 패러다임 창출의 결정판으로서 커다란 의의를 지닌다고 생각하는 듯하다.

80대 중반에 접어든 카프라는 여전히 자신이 만든 교육 프로그램을 운영하는 데 공들이고 있다. 카프라가 만든 교육 프로그램 '카프라 과정'은 과학의 최전선에서 생명에 관한 체계적 견해를 탐구하고 그 견해를 경제, 경영, 정치, 디자인, 의학, 법률 분야에 응용하는 법을 교육하며, 수강생들이 생태문해력(ecoliteracy)을 갖출 수 있게 한다. 고령에도 불구하고 왕성하게 활동하는 카프라가 앞으로 얼마나 더 많은 저술을 내놓을지 궁금하다. 2021년 카프라는 평생 추구한 작업이 이루어진 과정이나 그 배경을 알려 주는, 자서전이라고도 할 만한 에세이집 ≪연결의 유형들: 지난 50년간 쓴 중요한 에세이들(Patterns of Connection: Essential Essays from Five Decades)≫을 출간했다. 이 책은 카프라 자신의 50년에 걸친 학문 인생, 여러 학자·전문가의 작업과 연계된 카프라의 활동들을 집약한다. 일생 동안 카프라의 진심이 향한 곳과 그 진심을 만들어 온 노력의 과정도 상세히 보여 준다.

카프라는 어떤 학문 활동을 했을까

필자는 1980년대부터 카프라에 관심을 가졌다. 특히 카프라의 ≪생명의 그물: 살아 있는 체계들에 대한 새로운 과학적 이해(The Web of Life: A New Scientific Understanding of Living Systems)≫를 학생들과 함께 강독하면서 그 내용에 깊이 감명받았다. 이를 계기로 카프라의 여러 저술들을 섭렵하면서 과학 이론의 전개 과정 또는 과학계에서의 패러다임 전환이 인문학에도 중요한 영향을 미쳤음을 확인했다.

동양철학을 전공한 필자에게 ≪물리학의 도≫가 전하는 물리학적 사고의 혁신은 큰 호기심을 불러일으켰다. 이후 카프라가 출간한 저술들에 담긴 시스템 사고나 생명 시스템에 대한 이론과 실천을 접하면서 동양철학 연구의 새로운 비전을 그것과 연결해 볼 수 있게 되었다. 초기 저술에서 카프라는 현대 물리학이 성취한 내용이 이미 오래전에 개발된 동양 신비 사유의 방식과 서로 통한다고 주장했다. 동양의 사상이 카프라에게 일종의 등대 역할을 한 듯했다. 그 점이 필자에게는 흥미로웠다. 이로써 단순히 동양철학 탐구에 서구철학 이론을 적용하는 것을 넘어, 과학 영역을 포함해 어느 학문 영역에서 개발된 이론·관점이든 동양철학과 폭넓게 그리고 더 깊이 있게 연결할 수 있겠다고 기대하게 되었다. 카프라의 저술들을 독서하고 음미한 결과로 형성된 필자의 궁금증은 동양철학에 국한되지 않고 학문 전체로 향한다. 즉 다음과 같은 질문들로 나아간다. 철학뿐 아니라 학문 전체가 추구하는 진리는 과연 무엇인가?

그 진리에 도달하는 길은 무엇인가? 생명 체계에 관한 카프라의 제안들이 동양철학 연구뿐 아니라 학문 영역 전체에 새로운 방법과 길을 열 것이라고 믿는다.

카프라에 따르면 오랜 세월 동안 생명을 탄생시키고 유지한 것은 지구라는 생명 체계가 수행한 자기제작(autopoiesis)의 과정이자 결과다. 그 생명 체계에는 다양한 생명들 간 상호 의존적이고 상호 연결된 작용의 네트워크가 형성되어 있으며, 전체 체계의 생명을 지속시키는 지혜가 잘 간직되어 있다. 인간이 그러한 지혜에 역행하는 것은 곧 지구의 생명 체계를 파괴하거나 자멸하는 길이다. 따라서 지구 생명 체계의 일원인 인간은 그 지혜에 적절한 삶의 방법을 체화해 살아가면서 지구의 지속 가능성을 높이는 데 참여해야 한다. 지구 생명 체계의 지혜를 잘 이해하는 것이 바로 카프라가 현재 교육하고 계몽하는 생태문해력이다. 여기서 윤리라는 주제가 카프라의 생명 시스템 사고 저변에 자리함을 알 수 있다. 즉 일상적 삶뿐 아니라 정치·경제·문화 활동 그리고 학자들의 지식 생산에 생명 공동체의 지속 가능성을 지키는 일이 될 것을 요청하는 윤리가 작동한다.

카프라의 저술들에는 각각의 학문이 추구하는 진리들이 사실상 하나의 거대한 네트워크 속에서 상호 연결되고 상호 의존한다는 생각이 담겨 있다. 이 거대한 네트워크란 지구의 생명 체계라는 복잡계며, 매우 다양한 학문들로 형성된 네트워크가 그 하위에서 함께 작동한다. 그러한 복잡계에서 저마다 개성을 발휘하는 학자들이 다양한 욕구와 의지 그리고 지식을 지닌 경제·정치·문화·예술의 주체들과 함께 복잡한 연관 속에서 활동한다. 이 복잡계 속에서 학자는 관찰자 혹은 행동가로서 각자의 입장에서 관찰하고 경험한 내용을 학문적 방법을 통해 지식으로 생산한다. 카프라는 이처럼 복잡계적 상호 연동 작용을 보여 주고 그것을 이해할 수 있게 인식의 틀을 만드는 작업을 생명 시스템 또는 생태적 연결망이라는 패러다임 아래 정립한다. 즉 카프라는 시스템 사고를 통해 학문이 생산하는 지식들이 서로 의존하고 연동하며 맺는 관계를 잘 이해할 수 있고 상호 연관된 실천 역시 가능함을 알리려 한다. 더 나아가 카프라의 궁극적 목적은 지구의 생명 체계를 지속 가능한 것으로 만들기 위한 지식 생산과 실천 활동을 전 지구적으로 활성화하는 것이다.

카프라의 업적은 왜 중요한가? 카프라는 여러 학문의 지식들을 섭렵해 다양한 분야에서 현대 학자들이 추구한 진실의 모습을 포괄적으로 구성하려 노력했다. 예컨대 ≪생명의 그물≫에서는 물리학, 화학, 사이버네틱스, 시스템 사고, 생물학, 신경학, 여성주의, 생태학 등이 거둔 특별한 성과들을 현대 학문의 발전 과정이라는 역사적 맥락으로 통합했다. 이와 관련해 강조해야 할 카프라의 또 다른 업적은 현대 학문의 발전사에 기반해 새로운 인식 체계, 즉 생명의 패러다임을 정초했다는 점이다. 카프라는 ≪생명의 그물≫과 ≪시스템적 생명관≫에서 생명 개념을 자기제작적 시스템 사고와 관련지어 고찰하면서 생명에 대한 새로운 관점을 정립했다. 이 관점은 자기제작적 (혹은 자기생성적) 생명 시스템 외에도 복잡계 사고, 심층생태학(deep ecology), 여성주의 등을 다원적 축으로 포괄한다. 이는 카프라가 세상 사람들과 공유하려 하는 패러다임으로, 카프라의 학문·실천 활동의 당위성과 목표를 뚜렷하게 해주었다. 카프라가 현재 추구하는 생태문해력 역시 이 패러다임을 통해 배양된 것이다.

이러한 역사적 맥락화와 생명 개념 제안은 카프라의 창조적 재구성이 낳은 결과물이다. 이를 통해 동시대의 여러 학문 분야들이 마치 공동의 패러다임을 성취하는 여정에 참여하듯이 상호 간의 뚜렷한 공통성 또는 상호 연관성을 보여 줄 수 있게 되었다.

카프라의 패러다임은 서유럽의 신(新)과학들 위주로 구성되었지만 서양인들에게 신비주의로 간주되던 동양 전통 사상들의 세계관도 그 기초적 관점을 함께 형성한다는 점을 주목해야 한다. 카프라는 일찍이 인도와 중국 등지의 전통 사상과 자신의 패러다임 간 유사점을 깨닫고 학문적 방법을 통해 동양과 서양 사이에 교류와 소통의 길을 열었다. 예컨대 ≪물리학의 도≫의 2부 "동양 신비주의의 길"에서 힌두교, 불교, 중국사상, 도교, 선(禪)이 각자의 방식으로 우주 전체의 역동적 흐름과 패턴을 관찰하고 이해하는 방법이라고 설명했다. 이는 카프라가 학문 여정을 시작할 때 서유럽이나 미국 등지에서 동양사상을 긍정적으로 수용하던 당시 분위기에 동참한 것이기도 했지만, 구시대의 패러다임에서 벗어나려 노력하는 과정에서 스스로 개발한 감도 높은 촉이 작용한 결과이기도 했다. 카프라는 동양사상을 탐구하거나 체험하는 쪽으로 더 나아가기보다는 과학적 지식들을 연결해 새로운 생명 시스템이라는 패러다임을 구축하는 데 심혈을 기울였다. 이는 카프라가 과학적 지식을 서로 연결하고 전체 상을 구성하는 일이 동양 종교의 초탈적 깨달음 못지않게 중요하다는 입장을 취했음을 보여 준다. 그럼에도 동양사상의 신비성을 현대 학문의 특성과 연결한 카프라의 작업은 인간의 언어에 내재한 표현의 한계나 제약을 넘어 동서의 방법을 종합하고 양자의 소통 가능성을 높였다는 점에서 매우 큰 의의를 지닌다. 요컨대 카프라는 다양성과 복잡성의 세계에 맞춰 학문의 폭을 넓히고 깊이를 더하며 세밀하게 정련하는 과정을 보여 준다.

카프라가 만난 인물들

카프라는 빈대학교에 재학하던 시절 베르너 하이젠베르크(Werner Heisenberg)와 만났다. 양자역학의 선구자인 하이젠베르크의 저술을 읽고 그를 만나 대화했다. 이 사건은 카프라 인생의 방향을 선명하게 잡아 주었다. 이후 카프라는 양자역학 탐구에 더욱 집중했다. 그리고 양자역학에 기반한 물리학의 새로운 관점을 바탕으로 자신의 세계관을 확고하게 다져 나갔다. 그러다가 시스템 사고 그리고 사이버네틱스 그룹의 학자들과 조우하고 인지생물학 혹은 신경생물학을 접하면서 학문의 축을 물리학에서 생물학으로 옮겼다. 이런 맥락에서 카프라의 학문적 여정은 물리학에 중심을 둔 전반기와 생물학으로 그 중심을 옮긴 후반기로 나눌 수 있다. 카프라에게 이러한 전환을 가져다준 인물은 정신을 생명과 동일시하는 새로운 개념을 제안한 그레고리 베이트슨(Gregory Bateson)이다. 물리학에서 생물학으로의 전환 과정은 카프라의 전일론적 세계관을 더 확장한 생명 시스템 사고의 확립으로 이어졌다. 아울러 카프라는 움베르토 마투라나(Humberto Maturana)와 프란시스코 바렐라(Francisco Varela)를 통해서 자기제작적 생명 시스템관을 확립했다. 이들 외에도 카프라는 여러 연구자들과 전문가들을 만났으며 그들에게서 다양하고 풍성한 지적 양분을 흡수했다.

그중 카프라가 중요하게 언급하는 인물들은 다음과 같다. 구두끈 이론(bootstrap theory)을 제안한 제프리 추(Geoffrey Chew), 전일 운동(holomovement)이라는 용어를 창시한 데이비드 봄(David Bohm), 카프라가 인간 의식의 다양한 영역을 꿰뚫어 볼 수 있도록 도운 정신의학자들인 스타니슬라프 그로프(Stanislav Grof)와 로널드 데이비드 랭(Ronald David Laing), ≪작은 것이 아름답다(Small Is Beautiful)≫의 저자 에른스트 슈마허(Ernst Schumacher), 생물학자이자 중국 과학기술사 연구로 명성이 높은 조지프 니덤(Joseph Needham), 선상과 치유에 대한 심신의학적(정신-신체) 접근법을 개발한 의학자 칼 사이먼턴(Carl Simonton)과 캐런 사이먼턴(Karen Simonton) 부부, 전일적 의학(holistic medicine) 분야의 전문가이자 의학적 인류학의 관점을 연 마거릿 록(Margaret Lock), 중국 전통 의학의 기(氣) 개념에 대한 이해를 도운 중국 의학 연구자

만프레트 포르케르트(Manfred Porkert), 신체 작업 기법(bodywork technique)의 틀을 세우는 데 협조한 이름가르트 바르테니에프(Irmgard Bartenieff)와 그의 제자들, 심층생태학 이론가이자 운동가인 아르네 네스(Arne Næss), 여권 운동의 시각을 이해할 수 있게 도운 저메인 그리어(Germaine Greer), 여권 운동과 생태학의 연결을 보여준 캐럴린 머천트(Carolyn Merchant), 여권 운동과 영성 그리고 생태학을 융합하는 일을 도운 샬린 스프레트낵(Charlene Spretnak), ≪대안적 미래의 창조: 경제학의 종언(Creating Alternative Futures: The End of Economics)≫의 저자이자 깊이 있는 생태적 각성과 경제학적 관점을 통해 전 지구적 현상을 관찰할 광범한 관점을 제공한 헤이즐 헨더슨(Hazel Henderson) 등.

또한 카프라는 데이비드 스타인들라스트(David Steindl-Rast) 신부와 기독교의 영성에 관해 대화하며 종교가 교조주의를 넘어 과학과 소통할 방법을 함께 모색했다. 인도철학자이자 현인인 피로즈 메타(Phiroz Mehta)와 만나 인도의 신비주의와 우파니샤드의 세계관에 접근했다. 캘리포니아에서 지두 크리슈나무르티(Jiddu Krishnamurti)와 세 차례 만나며 언어(사고)를 초월하면서도 과학에 전념하는 방법을 터득했다. 직접 만난 이는 아니지만 그로프를 통해 알게 된 켄 윌버(Ken Wilber)는 의식에 관한 동양과 서양의 수많은 접근법을 통일해 인간 의식의 전 영역을 반영하는 심리학 모델·이론의 세계를 알려 주었다. 아울러 카프라는 준 싱어(June Singer)와 대화하면서 지크문트 프로이트(Sigmund Freud)의 심리학과 카를 융(Carl Jung)의 심리학 사이의 차이가 고전 물리학과 현대 물리학의 차이에 유비될 수 있다는 점을 알게 되었다. 에리히 얀치(Erich Jantsch)와 로버트 리빙스턴(Robert Livingston), 베이트슨과의 폭넓은 토론을 통해서는 시스템적 생명관을 형성할 수 있었다. 급진적 여권 운동 이론가 에이드리엔 리치(Adrienne Rich)는 ≪여성탄생론(Of Woman Born)≫이라는 저술로 카프라가 여권 운동의 이론적 배경에 접근할 수 있게 했다. 인도의 여성학자 빔라 파틸(Vimla Patil), 정치 지도자 인디라 간디(Indira Gandhi)와의 만남을 통해서는 인도적 지혜의 특수성을 체험했다.

이렇듯 카프라의 작업들은 다양한 분야의 전문가들과 직접 만나며 그들이 정밀하고 깊이 있게 발전시킨 경험과 앎을 흡수하면서 발전했다. 카프라는 이러한 기회들을 통해 자신이 제시한 패러다임의 적용 가능성 혹은 포괄성을 높이고 자신과 대화한 인물들의 관점이나 사상을 패러다임의 연결망 속으로 포섭했다. 이로써 카프라의 패러다임은 상세해지고 포괄적 규모로 확대 발전했으며, 더욱 확고한 인적·지적 기반을 확보했다. 카프라는 유럽과 미국, 인도 등 세계 각지에서 활동하는 학자들을 만났다. 오스트리아에서 미국으로 건너간 뒤 캘리포니아 버클리에 거주했고, 때때로 유럽 여러 곳의 학자들을 만나기 위해 이동했다. 카프라는 자신의 견지를 넓혀 줄 사람들을 찾아다니는 수고를 마다하지 않았다.

카프라는 ≪전환점: 과학, 사회 그리고 부상하는 문화(The Turning Point: Science, Society, and the Rising Culture)≫를 저술할 때 다양한 학문 분과별 패러다임 전환을 조사 연구했다. 수많은 과학 저서와 논문 수십 편, 여러 학자들이나 실무 종사자들과의 대화와 토론에서 자료를 수집했다. 이후 이 자료들을 집필 계획에 따라 체계적으로 편성했다. 그다음 집필에 앞서 자문할 사람들을 한자리에 모아 사흘 동안 심포지엄을 열고 자신이 계획한 저서의 전체적 개념 구조를 비판하고 토의했다. 이때 참석한 사람은 그로프(심리학과 정신 요법), 헨더슨(경제학·기술·정치학), 마거릿 록과 칼 사이먼턴(의학과 보건)이었다. 그리고 직접 이 모임에 참석하지는 않았지만 베이트슨, 추, 얀치, 랭 등 탁월한 학자들이 카프라와 연락을 주고받으며 자문에 응했다. 카프라에 따르면 이에 앞서 2년간 외과 의사 레

너드 슐레인(Leonard Shlain), 가정요법사 안토니오 디말란타(Antonio Dimalanta)와 토의한 과정도 그의 사고 방향에 결정적 영향을 미쳤다. 이렇게 전문가들로 이루어진 자문단을 구성해 저술을 완성해 가는 방법 역시 카프라 저술의 전문성과 정밀함을 끌어올렸다.

카프라의 인생과 낭만

과연 어떤 의식이 카프라의 인생을 지배했을까? 의식이 정신보다 더 정의하기 어렵다는 베이트슨의 생각은 일단 차치하고 카프라의 지배적 의식을 살펴보자. 여기서 의식은 개인의 활동과 인생 과정을 주도하는 정서와 생각과 결단의 패턴들, 즉 삶의 태도라고 잠정적으로 정의하겠다.

카프라의 회고를 보면, 청년기이던 1960년대 유럽과 미국 등지에서 벌어진 여러 사회적·개인적 사건들이 그의 내적 경험을 쇄신하면서 인생의 방향을 잡아 준 듯하다. 1960년대 유럽에서 전개된 사회 운동(학생 운동), 체코 국민들이 소련 정권의 권위에 의문을 품고 저항한 '프라하의 봄', 흑인 인권을 존중할 것을 요청한 미국 흑인 인권 운동, 동양의 신비적 전통과 유사한 새로운 유형의 영성 또는 초개인적 경험을 통한 의식의 확장, 미국 서부에서 만난 저항문화 등 청년기부터 박사후 연구 기간까지 만난 분위기들이 카프라 삶의 태도를 형성했다. 캘리포니아로 이주했을 때 카프라는 서로 다른 미국 문화의 두 층을 마주했다. 미국의 주류를 형성하는 지배적이고 정상적인 문화와 히피들의 저항문화가 그것이다. 카프라가 그중 저항문화에 자연스레 합류한 것은 빈과 파리에서 미리 경험하고 체화한 특수한 시대정신에 기인하는 듯하다. "오스트리아의 수도 빈에서 보냈던 나의 학생 시절과 나의 첫 번째 저서를 집필하던 시기 사이에 가장 심오하고 가장 급진적인 인간적 변신을 겪었던 내 일생의 한 구획(1960년대)이 가로놓여 있다."(Capra, 1989: 20) 당시의 분위기는 청년들에게 전통에 대한 근본적 저항과 새로운 문화·가치를 향한 열정적 도전이라는 시대정신을 부여했다. 카프라에 따르면 "1960년대의 사회 운동과 자신을 동일시하는 우리들에게 이 시기는 단지 10년간이 아니라 초개인적 확장, 권위에 대한 회의, 일종의 권력 의식, 관능적인 아름다움과 공동체의 경험으로 특징지어지는 의식의 국면을 의미한다"(Capra, 1989: 20). 카프라는 이러한 의식의 국면이 1970년대에도 계속되다가 1980년 12월 존 레넌(John Lennon)의 피격 사건으로 끝맺었다고 기술한다.

카프라의 평생 연구 주제가 된 패러다임 구성에 대한 사명감 역시 이 시절에 그의 마음에 자리 잡은 것으로 보인다. 카프라는 1966년 빈대학교에서 박사 학위를 받고 파리에 2년 동안 머문 뒤, 캘리포니아대학교 산타크루스캠퍼스에서 교수직과 연구직을 수행하게 되었다. 카프라의 회고에 따르면 그는 캘리포니아로 가는 비행기 안에서 토머스 쿤(Thomas Kuhn)의 ≪과학혁명의 구조(The Structure of Scientific Revolutions)≫를 읽고 패러다임 개념을 접했으며, 몇 년 뒤 패러다임 연구에 본격적으로 착수했다. 쿤은 ≪과학혁명의 구조≫에서 일단의 과학자들이 공유하는 개념적 틀을 설명하는 데 패러다임 개념을 사용한다. 이에 따르면 패러다임은 과학자들에게 본보기가 되는 문제와 그 해법을 제공하는 역할을 한다. 쿤 이후 20년에 걸쳐 과학계 안팎에서 패러다임과 패러다임 변환을 들먹이는 것이 크게 유행했고, 카프라 역시 자신이 ≪전환점≫에서 대단히 넓은 의미로 그 용어를 사용했다고 밝힌다. "나에게 패러다임이란 실재에 대한 특수한 비전, 한 사회가 스스로를 조직하는 방식의 기초를 이루는 비전을 형성하는 사상, 지각과 가치들의 총체성이다."(Capra, 1989: 21) 카프라는 자신의 이러한 정의에 입각해 패러다임 형성과 전환이라는 사업에 일생을 바쳤다.

카프라의 인생이 줄기차게 자신의 학문을 발전시키는 열정적 탐구자의 모습만 보여 주는 것은 아니다. 활동가 혹은 실천가로서 면모도 보여 준다. 카프라는 20세기 현대 학문의 발전 과정을 하나의 맥락으로 정리해 현대 학문에 대한 이해에 새로운 영역과 차원을 꾸준히 열어 나갔다. 그 저변에는 언제나 문명 전환을 지향하는 실천적 도전의 태도가 자리했다. 예컨대 카프라는 심층생태학자 아르네 네스의 생태학 운동과 실천에 동참한다. 여성주의 활동에도 매우 적극적이다. 생태문해력을 제고하기 위한 교육과 계몽 활동도 부지런히 전개한다. 카프라의 그러한 활동을 요약해 보여 주는 '카프라 과정'의 소개 글을 옮겨 본다. "카프라는 초등·중등 교육에서 생태학과 시스템 사고를 발전시키는 데 전념하는 버클리 소재 생태문해력센터(Center for Ecoliteracy, CEL)의 창립 이사(1995~2020)였으며, 현재 브라질 상파울루에서 운영되는 아마나-키(Amana-Key) 임원 교육 프로그램의 교수진으로 있다. 영국의 국제 생태학 연구 센터인 슈마허대학교의 펠로며, 국제지구헌장위원회(Council of Earth Charter International)에서 활동하고 있다."

카프라의 도전 정신은 빛나는 성과를 올렸다. 카프라는 그러한 성과에 머물지 않고 또 다른 열정적 활동에 종사한다. 이러한 일관된 삶은 어떻게 지속될 수 있었을까? 자신이 정립한 생명 시스템 사고가 견인차 역할을 하지 않았을까? 스스로 정립한 이해, 즉 "한 사회가 스스로를 조직하는 방식의 기초를 이루는 비전을 형성하는 사상, 지각과 가치들의 총체성"이 곧 생명 시스템 사고라는 패러다임 이해가 카프라 생명 과정의 방향타였을 것이다. 피터 센게(Peter Senge)에 따르면 시스템 사고는 하나의 개념적 틀로서 50년 넘게 발전해 온 일련의 도구와 지식을 이용해 부분이 아닌 전체 유형을 명확하게 보고, 문제 자체의 원인에 깊숙이 접근해 가장 포괄적이거나 근본적인 해결 방법에 도달하도록 해 준다. 카프라는 지구촌 사회가 스스로를 조직하는 방식의 근저에서 작용하는 사상·인식 가치들을 깊이 자각하고 성찰했다. 이로써 자신의 삶과 앎이 그것들과 상호 조정하도록 했다.

요컨대 카프라는 새로운 패러다임을 소개하는 데 그치지 않고 실천을 통해 우리를 그 세계로 인도한다. 세상의 시스템 탓에 나타나는 문제를 시스템 사고의 해법으로 함께 풀어 가려 한 것이다. 그 문제를 풀 수 있는 이는 그 문제를 낳고 있는 장본인인 오늘날 지구촌의 구성원들이다. 카프라는 이러한 자각을 공유하고 확산하기 위해 여러 다양한 활동에 참여한다. 생명 체계의 지속 가능성을 구현하는 실천에 열정을 쏟으며, 다른 이들도 그 관점을 공유하고 생태계를 보호하는 삶의 방식을 실현하도록 독려한다. 한국의 독자들에게 카프라의 삶은 주로 저술가로서 전개한 활동에 국한되어 알려져 있지만, 실제로 그의 삶은 훨씬 더 다양하고 포용력 있는 경험의 세계를 향해 열려 있다.

카프라의 저술들

카프라의 주요 저술들은 그의 일관된 지향성과 삶의 태도를 잘 보여 준다. 카프라는 첫 저술 ≪물리학의 도≫(1975)에서 물리학 개념·사상의 극적 변화가 지닌 철학적 의미를 살펴보았다. 두 번째 저서인 ≪전환점≫(1982)에서는 현대 물리학의 혁명이 그 후 다른 학문 분야들에서 일어난 혁명적 변화 그리고 세계관과 사회적 가치관의 변화를 어떻게 이끌어 냈는지 증명해 보였다. 여기서 카프라는 생물학과 의학, 심리학과 경제학에서 일어난 패러다임 변화를 추적하면서 물리학에서 생명 자체를 중심에 두는 세계관으로 이행했다. 세 번째 저서는 ≪탁월한 지혜: 비범한 사람들과의 대화(Uncommon Wisdom: Conversations with Remarkable People)≫(1988)로, ≪전환점≫의 저술 과정에서 경험한 지적 여행을 기술했다. 이 무렵부터 카프라는 심층생태학과 시스템적 생명관에 대한 연구를 지속하면서 다양한 분야에 종사하는 사람들의 도움을 받아 여러 저술을 출간했다. 독일에서 녹색당이 성공한 이유를 분석한 ≪녹색정치(Green Politics)≫(1984, 샬린 스프레트낵과 공저), 과학에서의 신(新)사고와 기독교 신학의 관계를 파헤친 ≪그리스도교의 아주 큰 전환(Belonging to the Universe)≫[1991, 데이비드 스타인들라스트, 토머스 매터스(Thomas Matus)와 공저], 생태계 경영을 위한 개념 틀과 실천적 틀을 제시한 ≪생태경영(EcoManagement)≫(1993), 생태계 보호를 위한 실천적 접근법을 소개한 경영자와 경제학자·생태학자 등 여러 학자들의 시론을 모은 ≪지속 가능성을 위한 경영(Steering Business Toward Sustainability)≫(1995) 등의 저술을 연이어 발간했다. ≪생명의 그물≫(1996)에서는 복잡성의 수학을 개략적으로 소개하면서 당시의 비선형 이론들을 생명계에 통합하려 했다. 또한 시스템적 접근법을 인간의 정신과 사회 영역에까지 확대 적용해 본 ≪히든 커넥션: 지속 가능한 삶을 위한 과학(The Hidden Connections: A Science for Sustainable Living)≫(2002)을 저술한다.

이후 카프라는 시스템 사고의 역사적 연원을 르네상

스 시대의 학자인 레오나르도 다빈치(Leonardo da Vinci)에게서 찾는다. 레오나르도를 시스템 사고에 기반해 창의적이고 실험적인 사유와 탐색을 진행한 인물로 간주한다. ≪다빈치처럼 과학하라(The Science of Leonardo)≫(2007), ≪레오나르도에게 배우기: 천재의 노트북 해독하기(Learning from Leonardo: Decoding the Notebooks of a Genius)≫(2013)가 바로 그러한 작업을 바탕으로 쓰였다. 이로써 카프라는 현대 과학의 기원을 르네상스 시기로 소급했다. 이를 통해 현대 과학의 역사가 20세기에 돌출한 것이 아니었음을 보여 준다.

그리고 카프라는 ≪시스템적 생명관≫(2014)을 통해 시스템 사고의 관점에서 생명과 현실을 바라보는 포괄적 이론을 제시한다. 이 책은 단순히 과학을 설명하는 것을 넘어 미래의 사고와 행동의 패러다임을 바꾸는 철학적·실천적 안내를 담고 있다. 이어 카프라는 법학을 생태학과 연결 짓는 ≪법의 생태학: 자연 그리고 공동체와 조화를 이루는 법률 체계를 향하여(The Ecology of Law: Toward a Legal System in Tune with Nature and Community)≫(2015), 자신의 학문적 여정을 정리한 에세이집 ≪연결의 유형들≫(2021) 등의 저술을 출간한다. 이 외에도 카프라는 아우인 베른트 카프라(Bernt Capra)가 제작·감독한 영화 <마인

드워크(Mindwalk)>(1990)의 시나리오를 공동 집필했다. 이 영화는 무기 개발에 자신의 연구 내용이 사용된다는 사실을 알게 된 후 수익성 있는 직업을 포기한 노르웨이 물리학자 소니아, 최근 대선에서 패배한 이유를 이해하려 시도하는 미국 정치인 잭, 잭의 절친한 친구이자 환멸에 빠진 전 정치 연설가 톰 등 세 인물이 몽생미셸을 배회하면서 만나 대화하는 장면을 그렸다. 양자역학이나 입자물리학 등 현대 물리 이론에 대한 통찰과 시스템 이론, 시스템 사고에 대한 소개가 담겨 있다.

21세기 전반에 이르러 생명 시스템 관점은 상당히 일반화했다. 예컨대 초등학생들도 우리가 배출하는 이산화탄소가 기후변화의 주요인이며 그것이 대기 환경에 변화를 일으켜 지구 온난화가 가속화한다는 사실을 안다. 물론 카프라가 말하는 시스템 사고나 생태학적 관점은 이보다 더 상세하고 전문적이다. 카프라의 관점에서 보면 최근 전 인류를 공포에 몰아넣은 코로나 바이러스 팬데믹 현상, 폭염·홍수·가뭄 등의 자연재해를 불러오는 기후변화 현상이 어느 한 가지 원인이 일으킨 사건이 아님은 명확하다. 이러한 분석은 ≪연결의 유형들≫에서 상세하게 이루어진다. 여기서 카프라는 이들 현상을 시스템 사고의 관점으로 보아야 하는 이유를 여러 현상적 증례들과 함께 자세히 설명한다. 그러면서 이들 현상이 근본적으로 지구 생명 체계의 순환적 복잡계 속에서 상호 연관된 각종 작용들이 증폭 효과를 일으켜 나타난 현상이며, 그 증폭 현상을 촉발한 장본인이 다름 아닌 인간이라고 지적한다. 특히 카프라는 지구 생명 체계에서 일어난 큰 변동의 배후에 인간의 잘못된 인식이 있다고 준엄하게 지적한다. 그 잘못된 인식은 근대적 인식 체계 혹은 근대적 패러다임에서 나오며, 지구 생태계를 위기로 몰아넣는 사고방식과 행동을 낳는다. 카프라는 그러한 인식을 바로잡는 일에 사명감을 지닌 학자고, 올바른 인식을 꾸준히 발전시켜 다른 사람들과 공유하는 실천에 열정을 보인 인물이다.

카프라를 이해하기

이 책은 20세기부터 현재까지 세계에 큰 영향을 미쳐 온 카프라의 인생과 학문(철학), 활동을 소개한다. 물론 카프라의 저술에 담긴 핵심적 사고와 철학을 주로 다루겠지만, 독자가 염두에 두어야 할 것은 카프라가 구성한 전일적 세계관 혹은 생명 체계의 패러다임이 단순히 학문적 이론에 그치지 않으며, 실천 과정에서 확고하고 상세하게 다듬어져 완성되었다는 점이다. 즉 카프라의 학문을 이해하려면 그의 삶을 함께 고려해야 한다. 카프라 삶의 패턴에서 학문 연구(이론 탐구)와 경험을 통한 체화 과정이 드러나기 때문이다. 따라서 이 책은 카프라의 학문과 인생의 중대사들을 엮는 방식으로 그의 삶 전체의 흐름을 기술한다. 특히 생명 시스템, 생태적 연결망 사고의 형성과 전개에 초점을 맞춘다. 카프라가 최종적으로 도달한 자기 제작적 시스템 사고 역시 실천적 삶과 도전 정신에 비추어 살펴본다.

카프라는 저술을 내기 시작할 때부터 지금까지 일관된 태도를 견지해 왔다. 우리 자신을 이해하고 우리가 일으킨 문제의 해법을 구하자고 말한다. 그 해법의 중심에 생태문해력이 있다. 카프라의 관찰과 기술은 20세기부터 지금까지 진전하고 있는 패러다임 혁명의 큰 줄기를 보여 준다. 아울러 카프라의 목소리는 제2차 세계대전 이후 세계 각국의 사회에서 민주주의의 미명하에 대우받고 있기는 하지만 사실상 타락한 정치인들 또는 사회 리더 그룹들에 지배받고 조종당하는 대중을 일깨우는 계몽의 목소리다. 스페인 철학자 호세 오르테가 이 가세트(José Ortega y Gasset)는 현대의 지식인들이 단순화하고 파편화한 채 자신의 지식과 잇속을 연결하는 데 전념하는 똑똑한 바보들로 퇴화하고 있다고 말한다. 이 실로 탄식할 만한 상황에서 생태문해력을 높여 지속 가능한 미래를 후손들에게 물려주자는 카프라의 뜻은 더욱 값지다. 이 책을 통해 카프라의 목소리를 경청해 보기를 바란다.

참고문헌

김동광(1998). "생물체계의 패턴으로서의 생명: 프리초프 카프라 ≪생명의 그물≫". ≪동아시아 문화와 사상≫, 1.

신진숙(2006). "생명, 그 '살아 있는 시스템': 프리초프 카프라, ≪생명의 그물≫, 범양출판부, 1998". ≪문학과 환경≫, 5(2).

안새롬(2019). "법이 커먼즈를 보호할 수 있을까: '커머닝으로서 법' 상상하기: ≪최후의 전환: 지속 가능한 미래를 위한 커먼즈와 생태법≫. 경희대학교 출판문화원". ≪환경사회학연구 ECO≫, 23(2).

유권종(2020). "시스템적 생명이론과 동양철학 연구: 프리초프 카프라의 학문관을 중심으로". ≪철학탐구≫, 60.

프리초프 카프라(1998). "새로운 물리학의 세계관". ≪과학사상≫, 27.

Brink, N. & D'Angiulli, A.(2008). Book Reviews: The Tao of Physics: An Exploration of the Parallels between Modern Physics and Eastern Mysticism, by Fritjof Capra. *Imagination, Cognition and Personality, 28*(1), pp. 93-113.

Buchanan, M.(2014). Systems reboot: the Tao of holistic thinking. *New Scientist, 222*(2971), pp. 46-47.

Callenbach, E., Capra, F., Goldman, L., & Lutz, R.(1995). *EcoManagement: The Elmwood Guide to Ecological Auditing and Sustainable Business.* Berrett-Koehler Publishers.

Capra, F.(1972). The Dance of Shiva: The Hindu View of Matter in the Light of Modern Physics. *Main Currents in Modern Thought.*

Capra, F.(1975). *The Tao of Physics: An Exploration of the Parallels Between Modern Physics and Eastern Mysticism.*

Shambhala. 김용정·이성범 옮김(2017). ≪현대 물리학과 동양사상≫(3판 1쇄). 범양사.

Capra, F.(1982). *The Turning Point: Science, Society, and the Rising Culture*. Bantam Books. 이성범·구윤서 옮김(1985). ≪새로운 과학과 문명의 전환≫. 범양사.

Capra, F.(1988). *Uncommon Wisdom: Conversations with Remarkable People*. Simon & Schuster. 홍동선 옮김(1989). ≪탁월한 지혜: 비범한 인물들과의 대화≫. 범양사.

Capra, F.(1990). The Crisis of Perception. *The Futurist, 24*(1).

Capra, F.(1992). Ecological Conscious Management. *Environmental Law, 22*(2), pp. 529-537.

Capra, F.(1996). *The Web of Life: A New Scientific Understanding of Living Systems*. Anchor. 김용정·김동광 옮김(2004). ≪생명의 그물: 살아 있는 시스템들에 대한 새로운 과학적 이해≫(2판 3쇄). 범양사.

Capra, F.(2002). *The Hidden Connections: Integrating the Biological, Cognitive, and Social Dimensions of Life into a Science of Sustainability*. Doubleday. 강주헌 옮김(2003). ≪히든 커넥션: 나와 세상을 바꾸는 새로운 힘의 패러다임≫. 휘슬러.

Capra, F.(2006). Is there room for Spirit in science?. *Tikkun, 21*(1).

Capra, F.(2007). *The Science of Leonardo: Inside the Mind of the Great Genius of the Renaissance*. Anchor. 강주헌 옮김(2011). ≪다빈치처럼 과학하라: 역사상 가장 탁월한 융합 지식인 다빈치는 우리에게 무엇을 남겼는가?≫. 김영사.

Capra, F.(2009). The New Facts of Life: Connecting the Dots on Food, Health, and the Environment. *Public Library Quarterly, 28*(3), pp. 242-248.

Capra, F.(2013). *Learning from Leonardo: Decoding the Notebooks of a Genius*. Berrett-Koehler Publishers.

Capra, F.(2021). *Patterns of Connection: Essential Essays from Five Decades*. University of New Mexico Press.

Capra, F. & Luisi, P. L.(2014). *The Systems View of Life: A Unifying Vision*. Cambridge University Press.

Capra, F. & Mattei, U.(2015). *The Ecology of Law: Toward a Legal System in Tune with Nature and Community*. Berrett-Koehler Publishers. 박태현·김영준 옮김(2019). ≪최후의 전환: 지속 가능한 미래를 위한 커먼즈와 생태법≫. 경희대학교출판문화원.

Capra, F. & Pauli, G.(1995). *Steering Business Toward Sustainability*. Unipub.

Capra, F., Steindl-Rast, D., & Matus, T.(1992). *Belonging to the Universe: Explorations on the Frontiers of Science and Spirituality*. HarperCollins Publishers. 김재희 옮김(2014). ≪그리스도교의 아주 큰 전환≫. 대화문화아카데미.

DeFrancesco, L.(2004). Profile: Fritjof Capra. *Nature Biotechnology, 22*(10).

Dull, A.(1978). [Review] The Tao of Physics: An Exploration of the Parallels between Modern Physics and Eastern Mysticism. By Fritjof Capra. Berkeley. Shambala, 1975. Pp. 330. $12.50. *A Philosophy East and West, 28*(3), pp. 387-390.

Guttman, B. S.(2005). How Do You Solve a Problem Like a (Fritjof) Capra?. *Skeptical Inquirer, 29*(4).

Haq, S. M. A.(2020). A critical review of the book "The Hidden Connections: A Science for Sustainable Living" by Fritjof Capra. *Environment, Development and Sustainability, 22*, pp. 7121 – 7123.

Johnson, A. W.(1993). Book Reviews: BELONGING TO THE UNIVERSE. By Fritjof Capra and David Steindl-Rast with Thomas Matus. San Francisco, Harper, 1991. $18.95. *Journal of Religion and Health, 32*(3).

Katsamakas, E.(2007). A Review of The Science of Leonardo: Inside the Mind of the Great Genius of the Renaissance written by Fritjof Capra. *Emergence: Complexity and Organization.*

Maturana, H. R. & Varela, F. J.(1980). *Autopoiesis and Cognition.* D. Reidel Publishing Company.

Maturana, H. R. & Varela, F. J.(1992). *The Tree of Knowledge.* Shambhala.

Moore, S. B. & Jones, G. M. M.(2004). Review of: the hidden connections: integrating the biological, cognitive and social dimension of life into a science of sustainability By Fritjof Capra. *Journal of Cleaner Production, 12*, pp. 101-103.

Morales, G.(2005). Capra, contestación posmoderna y paradigma ecológico(Capra, Postmodern Response and Ecological Paradigm). *Revista de Ciencias Ambientales(Trop J Environ Sci), 29*(1), pp. 32-43.

Notcutt, W.(1998). The Tao of pain. *Pain Reviews, 5*(4), pp. 203-215.

Ortega y Gasset, J.(1930). *La rebelion de las masas.* Revista de Occidente. 황보영조 옮김(2005). ≪대중의 반역≫. 역사비평사.

Senge, P.(1990). *The Fifth Discipline: The Art & Practice of The Learning Organization.* Doubleday/Currency. 강혜정 옮김(2014). ≪학습하는 조직≫. 에이지21.

Smith, B.(2013). Indeterministic metaphors: The popular science books of Fritjof Capra and Gary Zukav. *Public Understanding of Science, 22*(5).

Spencer-Brown, G.(1969). *Laws of Form*. Allen & Unwin.

Spretnak, C. & Capra, F.(1985). *Green Politics*. Paladin Grafton Books. 강석찬 옮김(1990). ≪녹색정치: 전지구적 위기에 도전하는 녹색당의 이념과 활동≫. 정신세계사.

Wikipedia. *Mindwalk*. https://en.wikipedia.org/wiki/Mindwalk

Zhou, T. Y., Zhou, J. W., Leer, R. V., Yang, C., & Capra, F.(2021). Symmetry: Collision of Arts and Sciences for a New Dimension. *Creative Arts Education and Therapy, 7*(1), pp. 46-58.

카프라 과정(Capra Course) 홈페이지
https://www.capracourse.net/

차례

일러두기

- 인명, 작품명, 저서명, 개념어 등은 한글과 함께 괄호 안에 해당 국가의 원어를 병기했습니다.
- 외래어 표기는 현행 어문규정의 외래어표기법을 따랐습니다.

01

카프라의 인생과 특이한 경험들

카프라의 학문과 사상은 그가 살면서 겪은 경험들이 체화된 결과다. 카프라가 강조하듯 한 사람의 생명은 다양한 연결망을 통해 생성되고 지속된다. 카프라의 세계는 새로운 저술을 낼 때마다 진전했다. 소년기와 청년기, 학문의 전환기 그리고 카프라에게 중대한 영향을 미친 인물들과의 만남 등을 선별해 살펴보자.

카프라의 젊은 시기

카프라의 패러다임에는 여성주의가 시스템 사고 전체의 필수적 관점으로 결합되어 있다. 카프라는 다른 남성들에게 남녀평등 사상을 쉽게 받아들이는 이유가 무엇인지 자주 질문받았다고 한다. 1978년 봄 여권 문제를 탐구하던 카프라 자신도 똑같은 의문을 품었다. 그 답을 구하기 위해 카프라는 과거로 시간 여행을 떠났다. 과거 회상에서 처음 마주친 것은 1960년대의 여성 포크 가수들과 록 가수들[존 바에즈(Joan Baez), 조니 미첼(Joni Mitchell), 그레이스 슬릭(Grace Slick)] 그리고 남성과 여성의 본질에 대한 가부장적 고정 관념을 근본적으로 갈아엎은 히피 운동이었다. 그러나 카프라는 더욱 근원적인 것을 찾아 나섰다. 그 결과 네 살에서 열두 살까지 자신이 경험한 가족 구조가 성인이 된 이후 여권 문제를 당면하는 데 결정적 계기를 마련했음을 깨달았다.

카프라는 제2차 세계대전이 한창이던 네 살 때부터 8년 동안 부모, 남동생과 오스트리아 남부에 있는 외할머니 댁에서 살았다. 이때 함께 산 이들은 외할머니, 부모, 외삼촌과 이모, 일곱 아이들 그리고 가족이 아닌 어린이와 어른 대여섯 명이었다. 이 대가족을 돌본 사람은 세 여성이었다.

할머니가 집안의 가장이자 정신적 지주였고, 어머니보다 손위인 이모는 들에 나가 일을 하면서 물질적 안정을 보장했으며, 시인이자 작가였던 어머니는 아이들의 교육을 책임지고 사회의 예의범절을 가르쳤다. 이 세 여성의 협력 관계는 조화롭고 능률적이었으며, 그들이 전 가족의 생활과 관련된 거의 모든 결정을 내렸다. 세 여성의 강인한 성격 때문에 남성들은 그들의 결정을 수동적으로 따른 듯하다. 특히 카프라는 매일 점심 식사를 끝마친 뒤 이모가 식당 발코니로 나서서 아래쪽 마당에 모여든 농장 일꾼들과 그 밖의 고용인들에게 분명하고 힘차게 지시를 내리던 광경을 인상 깊은 기억으로 꼽는다. 카프라는 그 뒤로 자신이 권력을 지닌 여성의 모습에 단 한 번도 문제나 의문을 느껴 본 적이 없었다고 기술한다. 또한 그때 원활하게 기능하는 모계중심제를 체험했다고 이야기한다. 카프라는 자신이 이 시기에 25년 뒤 나타날 여권 운동 관점을 받아들일 기반을 형성했다고 회고한다(Capra, 1989: 270-271).

카프라는 이 시기에 외할머니 댁에 살면서 자연과 교감한 경험 역시 자신에게 중요하다고 이야기한다. 그러한 체험은 카프라가 생태학을 자신이 제시하는 패러다임의 핵심에 놓게 했다. 아울러 카프라의 생태적 각성을 지속적으로 자극하는 역할을 했다. 생태적 연결성에 대한 예민한 감성은 카프라의 연구가 도처에서 생태적 연결망의 내용을 끌어올 수 있게 했다. 카프라가 중국의 의학철학에 관해 마거릿 록과 나눈 대화는 이를 잘 보여 준다.

중국의 의학철학이 생태적 각성에 영감을 받은 듯하다는 내 말에 마거릿 록은 의견을 같이했다. "아, 그럼요, 정말 그렇습니다." 그가 맞장구를 쳤다. "인간이란 유기체는 언제나 자연의 일부며, 끊임없이 자연력에 영향을 받는다고 보는 겁니다. 고전 문헌은 계절의 변화에 각별한 주의를 기울이고, 그것이 인체에 미치는 영향을 상세히 기술합니다. 의사와 일반인 모두 기후변화에 지극히 민감할뿐더러, 일종의 예방 의학을 응용할 때 이러한 감수성을 동원하는 것이지요. 일본에서는 어린아이들에게도 날씨와 계절의 변화에 주의를 기울이는 법과 이러한 변화에 신체가 어떻게 반응하는지 가르치는 장면을 목격했습니다."(Capra, 1989: 188)

카프라는 매우 도전적인 학자였다. ≪탁월한 지혜≫와 ≪연결의 유형들≫에서 스스로 밝히듯 카프라는 자신의 전공 분야를 넘어 다양한 분야의 전문가들과 만나며 새로운 패러다임을 구성했다. 이 패러다임은 다양한 내용과 분야가 하나로 포괄된 시스템 사고로서 '자기제작의 생명 시스템'이다. 이는 종교와 자연과학 그리고 사회과학을 연결하고 종합하며, 궁극적으로는 생태문해력을 높여 지구의 지속 가능성을 높이려는 실천을 포함한다. 물리학도로 출발한 카프라가 이러한 패러다임을 구성했다는 것은 그가 새로운 학문의 세계에 도전하는 것을 넘어 새로운 문화 창조에 도전했음을 의미한다. 카프라의 도전이 성공했는지에 대해서는 평가가 더 이루어져야 하겠지만, 어떻든 카프라는 자신이 기획한 것 중 상당수를 성취했다. 카프라는 물리학자로서 엄밀한 관찰, 측정, 계산, 논리 등을 통해 과학 이론을 구성하고 창출하는 데 전념하는 대신 포괄적이고 전체적인 관점을 키우고 그것을 개인 또는 사회가 살아갈 삶의 방식으로 유형화했다. 따라서 카프라는 과학을 대중화한 작가 또는 생태학적 패러다임 사상가이자 생태문해력 교육자로 불려야 마땅하다.

그렇다면 카프라는 왜 자신의 주전공인 물리학을 벗어나 생물학으로 관심을 넓혔고, 왜 생명을 다루는 전문가로 변신했으며, 왜 과학을 대중화하는 작가 혹은 생태학 패러다임 사상가, 생태문해력 교육자의 길을 걸어가기로 선택했을까? 생명체는 자기제작 혹은 자기구성의 역동적 과정을 통해 새로운 단계로 도약하므로, 이들 질문에 대한 답 역시 카프라의 인생에 나타나는 특이한 유형에서 찾는 것이 좋을 듯하다. 현재 80대 중반인 카프라의 인생 중 어느 지점에서 특이한 유형이 두드러질까? 카프라가 자신의 인생을 회고하면서 강조하는 1960년대 유럽과 미국의 분위기가 그러한 유형의 잠재태를 현실태로 바꾸는 계기가 되지 않았을까? 그 분위기란 저항문화의 흐름이며, 카프라는 그 흐름과 조우하면서 그것을 즐겼다. 기성 문화 전통에 대한 근본적 저항과 새로운 문화·가치를 향한 열정이 카프라의 정신을 하나의 흐름으로 엮었다. 그 결과 카프라는 당시 학술 문화에서 전통 학술에 저항하는 새로운 조류를 읽어내고 그것을 자신의 흐름으로 만들었다. 카프라는 1970년에 히피 운동을 주제로 평론을 썼다. 그 평론의 한 대목은 왜 카프라가 미국의 히피 저항문화에 동감하며 그것에서 중요한 가치와 삶의 방향성을 찾았는지 보여 준다.

> 히피를 이해하려면, 그들이 탈락해 나왔고 그들이 항거하고 있는 사회를 이해해야 한다. 미국인들 대다수에게 미국식 생활양식은 진정한 종교다. 그들의 신은 돈이며, 그들의 예배의식은 이윤 극대화다. 미국의 국기는 그 생활양식의 상징이었고, 미국인들은 종교적 열의로 그것을 경배한다. 미국은 전적으로 노동, 이윤과 물질 소비를 지향한다.… 미국인들은 돈을 점점 더 많이 벌면서도 그에 비례해 부유해지지는 않는다.

> 반대로 점차 가난해지고 있다. 확대 경제는 보기 흉한 건물로 아름다운 자연 풍경을 파괴하고, 공기를 오염시키며, 하천과 호수에 유독 물질을 흘려 보낸다. 가차 없는 심리 조작으로 주민들의 미의식을 빼앗고, 아름다운 환경을 점차 파괴하고 있다.(Capra, 1989: 246)

카프라에 따르면 이 글은 1960년대의 성난 어조를 드러내는 한편, 몇 년 뒤 만날 에른스트 슈마허의 ≪작은 것이 아름답다≫와 여러 관념·사상을 공유한다. 슈마허는 자연을 수탈하는 대신 자연과 협력하자는 비폭력 경제학의 이념을 지닌 학자였다. 카프라는 여성주의에 반하는 슈마허의 가부장적 사고를 제외하면 그의 경제학적 사고에 대체로 동감했다.

하이젠베르크가 미친 결정적 영향

카프라가 물리학을 넘어 과학적 세계관과 새로운 패러다임의 확립으로 나아가는 데 최초로 그리고 가장 결정적으로 영향을 미친 인물은 베르너 하이젠베르크다. 카프라의 다음과 같은 고백은 이를 증명한다. "과학계와 사회의 세계관 변화에 대한 나의 관심은, 열아홉 살의 어린 물리학도이던 내가 양자물리학의 역사와 철학을 고전적으로 해설한 하이젠베르크의 명저 ≪물리학과 철학(Physics and Philosophy)≫을 읽었을 때 한껏 고무되었다. 이 책은 나에게 엄청난 영향을 끼쳤고, 지금도 마찬가지다."(Capra, 1989: 15)

카프라는 "이때를 되돌아보면, 그로부터 10여 년 뒤 내가 데카르트식 세계관의 한계를 체계적으로 연구하는 단계로 성숙하도록 씨앗을 뿌린 사람이 바로 하이젠베르크였음을 알 수 있다"(Capra, 1989: 20)고 말한다. "이 사건은 나에게 큰 영향을 미쳤고 나는 새로운 물리학이 암시하는 이 개념적 혁명에 계속 관심을 가졌다." 카프라가 말하는 개념적 혁명이란 무엇인가? 다음 언급에서 답을 찾아보자.

> 하이젠베르크와 닐스 보어(Niels Bohr)가 이끌었던 1920년대의 물리학자들은, 세계는 독립된 물체들의 집합이 아니라 통일된 전체의 다양한 부분들 간 관계망으로 나타난다는 인식에 도달했다. 일상적 경험에서 도출된 우리들의 고전적 관념들이나 개념들이 이 세계를 완벽하게 그려 내지는 못한다. 다른 어떤 사람보다 앞서, 하이젠베르크는 우리의 재래식 개념들이 도달할 한계와 우리들이 관찰하는 세계에 개입해야

하는 범위, 더 나아가 인간 상상력의 한계를 탐색했다. 하이젠베르크의 위대함은 이러한 한계와 그것의 심오한 철학적 의미를 인정할 뿐 아니라, 수학적 명증성과 정밀성으로 그것을 명시했다는 데 있다.(Capra, 1989: 19)

하이젠베르크에 대한 이 같은 예찬에서 세계관의 변화, 인간의 관찰과 인식(상상력)의 범위, 철학적 의미, 수학적 명증성과 정밀성 등을 두루 갖춘 새로운 앎에 대한 동경이 카프라가 말하는 개념적 혁명과 관련된다는 점을 알 수 있다. 카프라에게 개념적 혁명이란 인식 체계의 혁명이다. 이처럼 카프라는 학자 인생 초기에 물리학에서 인간 상상력의 범위를 혁신하는 방향으로 나아갔다.

참고문헌

Capra, F.(1975). *The Tao of Physics: An Exploration of the Parallels Between Modern Physics and Eastern Mysticism.* Shambhala.

Capra, F.(1988). *Uncommon Wisdom: Conversations with Remarkable People.* Simon & Schuster. 홍동선 옮김(1989). ≪탁월한 지혜: 비범한 인물들과의 대화≫. 범양사.

Capra, F.(2021). *Patterns of Connection: Essential Essays from Five Decades.* University of New Mexico Press.

02
과학과 영성의 교직

한 사람의 인생은 자신이 알든 모르든 수없이 많은 관계들의 연합이 빚어내는 춤이다. 카프라는 확장과 변신의 춤을 열정적으로 연출한 과학자·작가·역사가·교육자다. 과학자이면서도 동양의 신비주의, 초개인적 심리학 혹은 영성의 세계에 깊은 관심을 보였다. 현대인의 인식 체계를 전환하는 작업에 정성을 다했다.

학문: 지성과 도덕의 책임

카프라는 1975년 ≪물리학의 도≫로부터 2021년 ≪연결의 유형들≫까지 대략 13종의 저술을 출간했다. 이 외에도 여러 논문들과 수필들을 발표했고 강연도 했다. 저술 위주로 카프라의 학문과 사상의 발전 과정을 살펴보면 현대인의 인식 체계 전환을 추구하는 지향성과 그 전환에 대한 강한 열정이 감지된다. 그러한 지향성과 열정은 다양한 방식의 사회적 실천으로 더욱 강화되었다. 더욱 중요한 사실은 카프라의 활동들이 불가피하게 기존 패러다임을 고수하는 세력과 대결해야 했고, 그 대결에서의 승리를 뚜렷이 지향하면서 타인들에게 일종의 정치적 투쟁으로 보였다는 점이다. 그렇다면 카프라는 왜 그리고 어떻게 패러다임 전환에 몰두했을까? 이에 대해 카프라는 ≪물리학의 도≫ 2판 서문에서 다음과 같이 밝힌다.

> "양이 극에 달하면 음을 위해 물러난다"는 중국의 옛 격언을 예증하는 거대한 진화 운동이 우리 눈앞에 펼쳐지고 있다. 1960년대와 1970년대는 일련의 광범한 사회 운동을 낳았고, 그것들 모두 동일한 방법으로 나아가고 있는 듯하다. 생태계에 대한 우려의 목소리가 높아지고, 신비주의에 대한 관심이

> 커지며, 남녀평등에 대한 각성이 고조되고, 건강과 자유에 대한 전일적 접근법이 재발견되는 등의 현상들은 동일한 진화적 흐름을 표출한다. 이들 모두 합리적·남성적 자세와 가치의 과대평가에 대항해 인간 본성에서 남성적 측면과 여성적 측면 간 균형을 되찾으려 한다. 따라서 현대 물리학의 세계관과 동양 신비주의의 세계관 사이 심오한 조화를 깨닫는 것이 곧 더욱 큰 문화적 전환의 뗄 수 없는 일부며, 거기서 우리들의 사상, 지각과 가치관을 밑바닥에서부터 뒤바꿀 새로운 실재관(vision of reality)이 출현하게 된다. 나는 나의 두 번째 저서 ≪전환점≫에서 이 같은 문화적 전환의 다양한 측면과 함축을 탐색했다.(Capra, 2017: 21)

당시 카프라는 인류의 새로운 진화를 체험했다. 특히 서구인들에게 그 진화는 전통적 가치 체계의 변화로 나타났다. 이러한 변화는 학문 세계에서도 벌어졌다. 근대 이후 서구 학자들은 객관적이고 가치중립적인 과학을 신봉해 왔다. 그런데 새로운 물리학, 즉 하이젠베르크의 양자 이론이 등장하면서 과학적 객관성(가치중립성)은 더 이상 설 자리가 없어졌다. 가치중립적 과학은 과학적 지식이 그 어떤 가치에도 물들지 않고 편향되지 않기 때문에 누구에게나 진실이 될 수 있다는 신념과 연결된다. 그러나 객관적 지식의 생산자를 자처하는 과학자들은 정말 그 어떤 가치관이나 사고방식에서도 자유로울까? 카프라는 바로 이 신념, 과학자 혹은 일반인이 과학의 객관성에 보이는 신념에 도전했다. 카프라에 따르면 객관성과 가치중립성을 표방하는 기존 과학의 이면에는 근대의 가부장적·남성우위적·권력지향적 지식 추구 질서와 가치관이 작동했다. 카프라는 이를 해체하고 허위와 기만과 가식 없는 관점과 태도를 정립하는 과제에 도전했다.

> 과학자들이 자연에서 관찰하는 패턴에는 그들의 정신 패턴 즉 그들의 개념, 사상과 가치가 반영된다. 즉 자연은 과학자들이 던지는 질문에 상응하는 답을 줄 뿐, 원래 정해진 모습이 없다. 달리 말해 그런 까닭에 과학자들이 이룩하는 과학적 성과와 그들이 연구하는 기술 응용법은 그들의 정신 형태에 따라 조건 지어진다. 과학자들의 상세한 연구 대부분이 항상 그들의 가치 체계에 좌우되는 것은 아니지만, 그들의 연구를 추진하는 더욱 큰 틀은 결코 가치중립적이지 않다. 그러므로 과학자들은 그들의 연구에 대해 지성과 도덕 양면에서 책임을 져야 한다.(Capra, 2017: 21)

단지 과학자들만 이러한 지성에 대한 책임을 져야 하는

것은 아니다. 지식 생산자인 학자는 지식을 만들어 내는 관점이나 인식 체계를 근본적으로 반성하고 개선해야 하며, 학문적 행위를 통해 생산하는 지식이 가져오는 결과(혹은 대중이 그 지식을 공유함으로써 발생하는 결과)에 대해 책임을 져야 한다.

카프라가 도덕에 관한 책임을 세밀하게 어떤 것이라고 설명한 사례는 찾기 쉽지 않다. 단, 포괄적으로 혹은 궁극적으로 동양의 신비주의와 관련해 부처의 길을 강조한다는 점은 주목할 만하다. 즉 카프라는 부처의 자비를 바탕에 두는 학문 활동을 강조한다. 카프라에 따르면 오늘날 우리 사회의 문제는 과학자와 기술자 가운데 거의 절반이 군사 관계 연구와 생산에 참여해, 전면 파괴를 가능케 하는 더욱 정교한 수단을 개발하는 데 인간의 발명과 창조의 방대한 잠재력을 낭비하고 있다는 사실이다. 카프라는 그 대척점으로 부처의 길, 따뜻한 마음이 있는 길(path with a heart)을 강조한다. 이는 대단히 근본적이면서도 이상적인 제안이다. 또한 ≪연결의 유형들≫에서 카프라는 공동체의 공동선(common good)을 추구하는 윤리를 학자들의 도덕적 책임으로 강조한다. 그 공동선은 생태 윤리와 통한다. "모든 인간은 오이코스(oikos), 지구 가정(家庭)의 구성원이다. 그것은 상호 의존의 네트워크로 함께 묶인 공동체다.

오늘날 특히 과학 분야에서 그러한 깊은 생태 윤리가 절실히 필요하다. 왜냐하면 과학자들이 하고 있는 일 대부분은 생명을 더하고 보존하는 것이 아니라 생명을 파괴하기 때문이다."(Capra, 2021: 329) 카프라는 가치중립적 태도를 숭배해 온 학문 세계에 도전하며, 학자들에게 근본적 태도를 생태 윤리에 맞게 변경하라고 강하게 요청한다. 과학자들이 지구 가정의 국외자가 아니라 지구 가정의 구성원으로서 지구 살림에 참여하고 있기 때문이다.

동양 신비주의와 참여자로서 학문 활동

카프라는 왜 지각과 가치관을 밑바닥부터 바꿀 새로운 실재관을 정립하는 일에 동양 신비주의를 연결했을까? 동양 신비주의는 어떻게 학자들로 하여금 근본적 태도를 변경하도록 유도할 수 있을까? ≪물리학의 도≫에서 카프라가 중국이나 인도의 오래된 전통 사상을 현대 과학의 진실과 연결해 소위 근대 학문을 넘어서는 최전선을 형성한 일은 당시나 지금이나 매우 인상적이다. 이는 향후 카프라가 생명 시스템 패러다임을 구축하는 기반이 되었다.

박사 학위 취득 전후로 젊은 카프라는 동양사상들에 대

한 서구나 북미 지식인들의 관심이 증폭되던 시기에 활동했으며, 그 자신도 그 동향에 깊이 참여했다. 이 시기 서구인이나 북미인 중에는 불교 승려가 되거나 명상가의 삶을 택한 사람들도 있었고, 켄 윌버처럼 동양을 포함한 전 세계의 영성에 대한 가르침들을 종합하면서 현대인의 영성을 계발할 방법을 체계화하는 사람들도 있었다. 또는 명상과 같은 방법과 그 경험적 효과에 주목해 과학 연구(특히 신경과학, 뇌과학, 심리학 등)에 새로운 영역을 창출한 학자들도 있었다. 카프라는 어느 방향으로 나아갔을까?

카프라는 동양사상의 이치에 대한 자신의 깨달음과 깊은 관심을 현대 학문의 새로운 패러다임을 정립하는 데 기초로 삼았다. 먼저 언급해 두어야 할 것은 동양의 신비주의에 주목하면 영성에 관심을 보이게 된다는 점이다. 카프라 역시 영성을 주목했다. 서구의 전통적 인식 체계를 청산하고 실재에 걸맞은 인식 체계를 구축하는 카프라의 작업은 신비주의 혹은 영성에 기인한 앎과 연관된다. 동양의 신비주의 전통, 의식의 변화된 상태, 영적 수준에서의 인식, 영생철학 등은 과학적 방법과 맞지 않아 과학계에서 무시되어 왔다. 그러나 카프라는 이것들을 현대 과학과 연결해 '우주적 상호 연결성'에 참여할 길을 열려 했다. 현대 이론물리학자 데이비드 봄은 "전 우주의 불가분적 양자 상호 연결성이 근본적 실재고, 상대적으로 독립해 행동하는 부분들은 단지 이 전체 내의 특별한 우연적 형태"(Capra, 2017: 184)라고 말한다. 대승불교의 창시자인 나가르주나[Nāgārjuna, 용수(龍樹)]는 "만물은 서로 의존하는 데서 그 존재와 본성을 얻는 것이지, 그 자체로서는 아무것도 아니다"(Capra, 2017: 185)라고 말한다. 이 언명들은 상식적 관점을 완전히 뒤엎으며, 만물의 연결성을 보지 못하고 만물을 단지 파편화된 것으로 인식하는 상식적 안목을 지닌 사람들에게는 신비롭게 보일 뿐이다. 따라서 우주적 상호 연결성을 알아채려면 먼저 그것을 알아볼 수 있는 의식으로 변화해야 한다. 그 변화는 수련 과정을 거쳐 나타나며, 그 귀결은 영성과 통한다. 원자물리학자 헨리 스탭(Henry Stapp)에 따르면 "한 소립자란 독립적으로 존재하는 분석 불가능의 실체가 아니다. 그것은 본질상 밖으로 다른 것들에 미치는 일련의 관계다"(Capra, 2017: 185). 하이젠베르크에 따르면 "세계는 서로 다른 종류의 연결들이 교체되고 겹쳐지고 결합되어서 전체의 구조를 결정하는 복잡한 사건의 조직으로 나타난다"(Capra, 1982: 82). 이는 이미 인도 사상이나 불교에서 진리로 간주되어 왔다. 예컨대 인도에서 우주적 망을 통일하는 망사(網紗)로서 모든 존재의 궁극적 기반으로 인식되는 브라만[梵], ≪화엄경(華嚴經)≫의 중중무진(重重

無盡)의 연기, 티베트 불교에서 경전을 의미하는 탄트라(tantra)는 만물의 교직(交織)과 상호 의존을 시사한다.

카프라는 과학자란 객관적 지위의 관찰자가 아니라 참여자임을 강조한다. 카프라에 따르면 참여자 관념은 현대 물리학에서는 20세기 후반에 이르러 확립되었으나, 이미 동양 신비주의를 연구하던 사람들에게는 당연하고 일반적인 생각이었다. "신비적 견식(見識)이란 관찰만으로는 결코 얻을 수 없고, 오히려 자기 존재 전부를 쏟아 넣는 전적 참여를 통해서만 얻을 수 있다. 따라서 참여자 개념은 동양적 세계관에서는 결정적이며, 동양의 신비가들은 이 개념을 관찰자와 관찰되는 것, 주체와 객체가 불가분할 뿐 아니라 구별될 수 없게 되는 극한까지 밀고 나간다."(Capra, 2017: 189) 이것이 만물의 통일에 대한 궁극적 파악이자, 우리의 개별성이 차별 없는 일자(一者)로 용해되어 감각의 세계가 초월되고 사물의 개념이 없어진 의식 상태에 도달하는 것이다. 이는 우파니샤드의 범아일여(梵我一如), 장자가 말하는 좌망(坐忘)의 상태와도 같다.

카프라는 현대 물리학이 동양의 신비주의 사상들과는 매우 다른 체계에서 작동하며, 만물의 통일성에 대한 경험(체험)에 그 사상들만큼 깊이 들어가지 못하고 있다고 말한다. 단, 원자론은 동양적 신비가의 세계관을 향해 커다란 진전을 보여 왔다고 평가한다. 카프라에 따르면 양자론은 근본적으로 분리된 대상이라는 개념을 버리고 관찰자 개념을 참여자 개념으로 대치하기 시작했으며, 세계를 기술하는 데 인간의 의식을 포함시켜야 한다는 점을 깨닫고 있다.

카프라의 방향

카프라에 따르면 학자는 세상에 참여하면서 세상의 지속 가능성을 유지하고 높이는 지식을 생산해야 하며, 자신이 산출한 지식에 도덕적 책임을 져야 한다. 이에 따라 카프라는 물리학에서 시작해 생태학과 시스템적 생명관으로 확장된 자신의 학문 활동 전반에서 학자들의 책임과 도덕을 역설했다. 또한 생태학을 통해 지구의 지속 가능성을 높이는 것을 자신의 인생 사업으로 삼고, 생태학적 관점을 확산하고 공유하며 실천하려 했다. 그 생태학적 인식과 실천에 카프라가 평생에 걸쳐 노력한 패러다임 전환의 성과가 담겨 있다.

영성을 지닌 과학자는 무엇을 해야 할까? 과학 연구는 어떠한 태도와 가치관에 입각해야 할까? 이들 질문은 기업 활동이나 군수 산업에 종사하는 사람에게도, 교사나 교수와 학생에게도, 사회 각 영역에서 특징적 업무를 담당하는 개인들에게도 필요할 것이다. 이들의 일상생활이 함께 동시에 진행되면서 사회의 거대한 질서가 직조된다. 그 거대한 질서는 일정한 패턴을 그린다. 그러한 사회의 패턴이 자연계 전체와 상호 조정하면서 지구 생태계 전체의 거대한 질서를 직조하며 일정한 패턴을 형성한다. 이런 맥락에서 카프라는 생명 시스템적 관점에서 비롯하는 생태문해력을 기본적이고 공통적인 것으로 제시한다.

참고문헌

Capra, F.(1975). *The Tao of Physics: An Exploration of the Parallels Between Modern Physics and Eastern Mysticism.* Shambhala. 김용정·이성범 옮김(2017). ≪현대 물리학과 동양사상≫(3판 1쇄). 범양사.

Capra, F.(1982). *The Turning Point: Science, Society, and the Rising Culture.* Bantam Books.

Capra, F.(1988). *Uncommon Wisdom: Conversations with Remarkable People.* Simon & Schuster.

Capra, F.(2021). *Patterns of Connection: Essential Essays from Five Decades.* University of New Mexico Press.

Goleman, D. & Davidson, R. J.(2017). *Altered Traits: Science Reveals How Meditation Changes Your Mind, Brain, and Body.* Avery. 김완두·김은미 옮김(2022). ≪명상하는 뇌: 뇌를 재구성하는 과학적 마음 훈련≫. 김영사.

03
시스템 사고

시스템 사고는 20세기 과학의 관점을 혁신했다. 카프라는 물리학에서 시스템 사고 혹은 생태적 연결망 사고로 나아갔다. 물리학이 아니라 생물학을 통해 실재를 탐구했고, 물리적 존재가 아니라 실재들 간 관계망을 통해 전체 상을 추구했다. 기계론적 사고의 대안으로 시스템 사고를 확립했고, 이로써 새로운 인식 체계의 프로토콜을 정립했다.

생명과학으로의 전환과 시스템 사고

카프라는 ≪생명의 그물≫ 1부 마지막 소절 "물리학으로부터 생명과학으로의 전환"에서 자신의 관점 전환이 어떤 문화적 맥락에서 이루어졌는지 분명히 밝힌다. 그 맥락이란 현대 과학에서 일어난 중심 분야의 변화다. 여전히 많은 물리학자들이 동의하지 않겠지만 카프라는 생명에 대한 시스템적 관점 혹은 생태적 연결망의 관점에서 '생명'이 모든 과학적 앎의 근저에 자리 잡았다고 강조한다. 기존 패러다임에서는 물리학이 다른 모든 과학의 모델이었으며, 물리적 존재의 구조가 세상을 이해하는 데 근원 역할을 해왔다. 르네 데카르트(René Descartes) 역시 존재를 다루는 형이상학을 모든 학문의 뿌리로, 물리학을 그 줄기로 비유했다. 이렇듯 기존의 물리학 중심 관념이나 데카르트의 관념은 공히 존재와 물리를 모든 지식 탐구의 근본 대상으로 삼는다. 이들 관념은 정신도 존재로 간주한다. 그리하여 정신의 존재를 다룰 때는 이성을 핵심에 놓고, 물질의 존재를 다룰 때는 연장성을 핵심에 놓았다. 즉 정신과 물질에 각각 다른 방법을 사용했다.

카프라는 생명을 일차적 실재로 간주한다. 생명 속에서 정신과 물질은 하나의 관계망을 이루며 분리되지 않는다고 본다. 이 견해는 ≪전환점≫에서 시작된 것으로 보인다. 이 책에서 카프라는 실재로서 생명을 시스템으로 이해한다. 이러한 실재관은 학문의 계통을 수목의 구조에 비유하는 데카르트의 은유와 심신이원론을 부정한다. 이로써 카프라는 실재에 대한 규정의 초점을 물리 혹은 존재에서 '생태라는 연결망이 지속적으로 작동하고 변화하는 과정'으로 옮겼다. 이에 따르면 물리학은 실재에 관한 가장 궁극적인 기술(記述)을 제공하는 과학이라는 지위를 잃는다. 그렇다면 카프라가 말하는 생명이라는 실재 혹은 진실에 접근하는 방법은 무엇일까? 바로 존재론에서 관계론으로의 전환이다. 궁극적 존재나 원자적 실체를 기반으로 삼는 데카르트식 존재론적·환원론적 사고로는 지구 생명 체계의 복잡하고 정교한 생명의 상호 의존과 상호 연결의 역동성을 포착할 수 없다. 그 역동적 전체를 설명하는 것은 더더욱 불가능하다. 생명이란 관계의 역동적 그물이며, 그러한 관계의 역동적 전체를 이해하는 데 적합한 것은 시스템적 관점이다.

시스템 사고의 특성

카프라는 ≪생명의 그물≫에서 시스템 이론과 관련된 사

고들의 연결망을 촘촘히 구성해서 보여 준다. 카프라에 따르면 현대 과학의 혁명을 가져온 시스템 사고는 20세기 전반 연결성, 연관성, 맥락을 중시하는 유기체설 생물학자들의 새로운 사고방식에서 비롯했다. '시스템'이라는 말은 '함께 두다'를 뜻하는 그리스어 'συνίστημι'에서 유래하며, 부분들 사이 관계에서 본질적 특성이 발생하는 통합된 전체를 가리킨다. '시스템 사고'는 어떤 현상을 더 큰 전체라는 맥락 속에서 이해하는 것을 일컫는다.

카프라는 ≪생명의 그물≫ 3장에서 시스템 사고의 판단 기준을 상술한다. 이를 정리하면 다음과 같다. 첫째, 시스템 사고는 부분보다 전체에 초점을 맞추어 이해한다. 시스템은 고립된 요소들로 분해될 때 파괴되며, 살아 있는 시스템들은 그 특성이 그보다 작은 부분들의 특성으로 환원될 수 없는 전체 속에 통합되어 있다. 전체로서 시스템이 지니는 이러한 특징들은 그 부분들의 '조직 관계' 혹은 질서 있는 관계들의 구성에서 발생한다. 둘째, 시스템 사고는 시스템이 성층적(stratified) 혹은 다수준적(multileveled)이며, 시스템 속에 시스템이 작동하고 시스템의 외부에도 시스템이 작동한다고 본다. 이때 시스템들은 유사한 패턴을 보이는데, 그 유사성에서 비롯하는 유비 혹은 은유가 그것들을 연결하며 공동의 진실을 파악할 수 있게 한다. 셋째,

시스템 사고는 이러한 성층적·다수준적 시스템이 각각 다른 수준의 복잡성을 띤다고 본다. 각각의 수준에서 관찰된 현상들은 그보다 낮은 수준에는 존재하지 않는 특성들을 나타내며, 특정 수준의 시스템적 특성들은 창발적이다. 넷째, 시스템 사고는 맥락적 사고다. 데카르트적 과학은 모든 복잡계에서 전체의 움직임이 그 부분들의 특성들을 통해 분석될 수 있다고 믿은 반면, 시스템 사고에서 부분의 특성은 본질적 특성이 아니며 더 큰 전체라는 맥락 속에서만 이해될 수 있다. 다섯째, 시스템 사고에 따르면 양자역학이 입증했듯 부분이란 결코 존재하지 않으며, 부분은 단지 분리할 수 없는 관계의 그물 속에 나타난 한 패턴일 뿐이다. 여섯째, 따라서 부분에서 전체로의 전환이 필요하다. 대상에 초점을 맞추던 연구 방법에서 관계에 초점을 맞추는 방법으로의 전환이 시스템 사고의 핵심이다. 일곱째, 시스템 사고는 연결망 사고(network thinking)다. 이는 건축물적인 구(舊)패러다임의 사고법과 대소된다. 건축물은 그 기초와 토대가 중요하지만, 연결망에는 정해진 순서나 핵심 혹은 기초가 존재하지 않는다. 건축물은 일단 완성되면 그 형태와 구조, 각 요소들 간 작용이 고정적이지만, 역동성을 띠는 연결망은 그 자체의 작용으로 균형과 조화를 유지하면서 변화한다.

시스템 이론이 획기적인 이유는 객관성(객관적 표상)을 추구하는 과학을 '인식의(epistemic) 과학'으로 전환했기 때문이다. 하이젠베르크가 "우리가 관찰하는 것은 자연 그 자체가 아니라 우리들이 물음을 제기하는 방법에 노출된 자연일 뿐"(Capra, 2004: 64)이라고 말했듯 우리가 아는 실재는 관찰자가 물음을 제기하는 방법에 따라 얻은 내용이다. 모든 것을 관계의 연결망으로 보는 관점은 양자역학, 구두끈 이론 등에 이르러 확립되었다. 이때 그 '모든 것'에 관찰자도 포함된다. 모든 지식은 관찰자의 입장에서 본 내용이며, 그 내용은 생물학이나 물리학 등 학문별 차이가 있을 뿐 위계상 본말의 관계는 없다.

근사(近似) 지식의 발견은 시스템적 접근 방식이 과학으로 여겨지게 된 계기였다. 데카르트적 믿음에 근거한 낡은 패러다임은 지식의 확실성·정확성 추구를 제일의 목표로 삼았다. 그러나 양자역학을 비롯한 현대의 새로운 과학에서는 모든 과학적 개념과 이론이 제한적이고 근사적인 것으로 간주된다. 카프라에 따르면 모든 과학적 이론과 모델은 사물의 진정한 본질에 대한 근사치이지만, 근사치에 포함된 오류는 종종 무시해도 될 정도로 작아서 이러한 접근 방식이 의미가 있다(Capra, 2021: 87). 시스템 사고로 아무리 폭넓게 혹은 깊이 들여다보더라도 상호 연결된 패턴들의 무한한 연결망에 대해 얻는 지식은 근사적일 수밖에 없다. 더구나 시스템 사고는 관찰자의 참여가 필수적이기 때문에 시스템 사고로 얻는 지식이 근사 지식임은 당연하다. 카프라는 근사 지식이 정당하다고 인정하는 것이 지식의 퇴보가 아니라 무한한 생태적 연결망의 실상에 대한 앎의 확장을 가져온다고 믿는다.

카프라의 시스템 이론 구성

카프라는 ≪생명의 그물≫에서 자신이 시스템 이론을 형성하는 데 배경이 된 이론들을 소개한다. 하이젠베르크의 양자물리학, 제프리 추의 구두끈 이론, 앨프리드 노스 화이트헤드(Alfred North Whitehead)의 과정지향적 철학 등 과정을 중시하는 학문들, 피드백 루프와 동역학적 패턴을 연구 주제로 삼는 사이버네틱스, 생물학사 월터 브래드퍼드 캐넌(Walter Bradford Cannon)의 항상성 개념, 물질과 에너지의 순환 흐름에 대한 생태학 연구 등이 그것이다. 또한 러시아의 의사이자 철학자인 알렉산드르 보그다노프(Алекса́ндр Богда́нов)의 테크톨로지(tektology) 이론과 오스트리아 생물학자 루트비히 폰 베르탈란피(Ludwig von

Bertalanffy)의 열린 시스템, 일반 시스템 이론 역시 카프라가 생명 시스템 이론을 정립하는 데 중요한 기반 역할을 했다. 카프라는 이들 이론을 연결해 기계론적 패러다임에 근본적 변혁을 일으키고, 생명 현상 혹은 생태계의 특성을 이해하는 인식과 사고의 징검다리로 삼았다.

그중 보그다노프의 테크톨로지 이론은 과학사상 생물계와 무생물계에서 작동하는 조직 원리를 체계적으로 수립하는 데까지 도달한 최초의 시도였다. 테크톨로지 이론에 따르면 모든 시스템의 안정성과 전개는 두 가지 기본적 조직 메커니즘에 의해 이해된다. 형성(formation)과 조절(regulation)이 그것이다.

아울러 카프라는 베르탈란피의 일반 시스템 이론이 그동안 과학을 떠받쳐 왔던 기계론적 토대를 전일론적 시각으로 바꾸면서, 여러 학문 분야를 생물학적 기반 위에서 통합해 설명할 수 있는 틀을 마련했다고 간주했다. 카프라에 따르면 베르탈란피의 일반 시스템 이론은 개별적 유기체와 그 부분들에서 사회 시스템, 생태계에 이르는 매우 광범한 현상들을 하나로 통합한다. 이로써 단편적이고 분과적인 학문들을 통합할 개념 틀을 제공한다.

과학적 사고에 '진화'라는 새로운 개념이 도입되면서 힘과 궤적으로 요약되는 뉴턴 역학 대신 생명에 적합한 역학 원리를 정립할 필요성이 대두했다. 달리 말해 변화, 성장 그리고 전개를 요소로 삼는 복잡성을 다루는 과학이 필요해졌다. 프랑스의 물리학자 사디 카르노(Sadi Carnot)가 수립한 열역학 제2법칙에 따르면 물리 현상 즉 고립된 또는 '닫힌' 물리계는 무질서(엔트로피)가 증가하는 방향으로 나아간다. 반면 생물들은 열역학적 평형 상태(thermal equilibrium)로 귀착하는 닫힌 시스템과는 달리, 지속적 흐름과 변화 속에서도 정상 상태를 유지한다. 베르탈란피는 이처럼 닫힌 물리계와는 다른 양상을 보이는 생명의 성장, 진화 등을 다룰 방법을 열린 시스템 이론에서 찾았다. 열린 시스템은 지속적인 흐름과 변화가 특징인 '정상 상태' 속에서 평형과는 거리가 먼 방식으로 자신을 유지하는 시스템이다. 베르탈란피는 이를 '유동하는 균형(Fließgleichgewicht)'이라는 개념으로 표현했다. 아울러 '자기 조절'이 열린 시스템의 또 다른 특징일 것이라고 추측했는데, 그것을 일리야 프리고진(Ilya Prigogine)이 제안한 소산 구조(dissipative structure. 흩어지는 구조) 이론으로 정교하게 개념화했다.

생명 시스템의 자기 조절 혹은 자기조직화에 의한 성장, 변화, 진화 등을 설명하려면 시스템 내부의 작동 방식을 더 정밀하게 고찰하고 이해해야 한다. 카프라의 그러한 고찰과 이해에 정밀성을 더해 준 사고들 가운데 하나가 사이버네틱스다. '사이버네틱스'는 그리스어 단어 'κυβερνήτης(조타수)'에서 유래했으며, 노버트 위너(Norbert Wiener)는 사이버네틱스를 '동물과 기계 속에서 이루어지는 제어와 의사소통의 과학'으로 정의했다. 카프라는 ≪생명의 그물≫ 중 "마음의 논리"라는 제목의 장에서 사이버네틱스를 다루었다. 카프라에 따르면 사이버네틱스는 마음 혹은 정신에 관해 데카르트적 관점과는 전혀 다른 주장을 펼쳤다. 수학자, 신경과학자, 사회과학자, 공학자들이 주축을 이룬 사이버네틱스 연구는 의사소통의 패턴들, 닫힌 고리와 연결망에 관심을 집중하면서 피드백, 자동조절, 자기조직화 등의 개념을 제시했다. 1940년대에 사이버네틱스 운동을 주도한 수학자 위너는 생명을 과학적으로 기술할 때 필수적인 조직의 패턴 개념, 비물질적 실체를 설명할 때 사용되는 메시지, 제어, 피드백 개념 등 새로운 개념들을 창안했다. 수학 천재이자 뇌의 기능을 형식논리적으로 기술하는 데 깊은 관심을 보였던 요한 폰 노이만(Johann von Neumann)도 이 운동을 주도한 인물 중 하나였다. 인문학 방면에서는 베이트슨과 마거릿 미드(Margaret Mead)가 참여했다. 카프라는 베이트슨이 이 운동에서 위너와 함께 과학의 경계를 벗어나지 않으면서도 포괄적이고 전일론적인 기술을 찾았으며, 이 과정을 통해 폭넓은 현상들에 대한 시스템적 접근 방식(systems approach)을 창안했다고 말한다.

카프라가 말하듯 시스템이 분석으로 이해될 수 없다는 점은 20세기 과학에 가장 큰 충격을 가했다. 시스템 사고는 분석적 사고에 반대된다는 점에서 맥락적(contextual)이다. 어떤 대상을 이해하기 위해 그것을 잘게 나누는 분석과 달리, 시스템 사고는 대상을 더 큰 전체라는 맥락 속으로 통합하는 방법을 취한다. 양자물리학, 게슈탈트 심리학, 생태학은 이러한 시스템 사고의 흐름에 힘을 싣는 이론들이다. 양자론의 창시자 가운데 한 사람인 하이젠베르크는 "이 세상은 사건들의 복잡한 그물처럼 보인다"(Capra, 2004: 50-51)고 말했다. 철학자 크리스티안 폰 에렌펠스(Christian von Ehrenfels)는 게슈탈트(Gestalt) 개념을 전체를 그 부분으로 환원할 수 없는 인식의 패턴으로 규정했다. 이는 후일 시스템 사상가들의 핵심 신조가 되었다. 생태학은 생물학자들의 생물 집단 연구에서 출발했나. 생태학은 말 그대로 지구 가족(earth household)에 대한 연구를 뜻한다. 생태학은 지구 가족들을 서로 연결하는 관계를 연구하는 학문이다. 독일의 생물학자 에른스트 헤켈(Ernst Haeckel)은 생태학을 "유기체와 그 유기체를 둘러싼 외부 세계의 관계에 대한 과학"(Capra, 2004: 53)으로 정의했다.

생태학은 집단 개념과 연결망 개념을 학문에 도입해 시스템 사고의 방식을 더욱 풍부하게 했다.

카프라의 시스템 이론은 이전과는 전혀 다른 새로운 과학적 방법과 지식의 자격 요건을 갖추었다. 환원 불가능한 전체에 대한 깨달음에 기초하면서도, 린 마굴리스(Lynn Margulis)가 수행한 화성의 대기 성분 데이터 분석이 뒷받침하는 가이아 가설처럼 근사 지식으로서 과학적 데이터로 설명될 수 있어야 하고, 2차원 혹은 3차원 끌개처럼 복잡성과 역동성을 계산할 수 있는 수학적 방법을 필요로 한다. 그러나 더욱 중요한 것은 과거의 패러다임이 계량화에 얽매였다면, 시스템 과학은 계량이 불가능한 정신과 의식, 질과 가치를 함께 다루는 일을 지향한다는 점이다. 이는 카프라가 로널드 데이비드 랭과 나눈 대화에서 잘 드러난다.

랭이 다음과 같이 묻는다. "깊은 명상이나 샤머니즘 등에 빠져 있는 사람들 역시 그런 사례를 보고하고 있지요. 그런 경험들을 어떻게 수용하겠습니까? 그들 자신의 시각에서 이러한 경험을 받아들이겠어요, 아니면 또 다른 형태의 설명이 필요하다고 생각합니까? 그런 것들을 당신의 세계관에 어떻게 통합할 수 있을까요?" 카프라는 다음과 같이 답한다. "바위를 대상으로 했을 때, 그것을 독립된 실체로 보고 접근하는 관점에서는 의식을 귀속할 가능성이 없지요. 그러나 더욱 큰 체계, 다시 말해 정신과 의식을 지닌 우주의 일부로 보고 그것에 접근하는 관점에서는 바위 역시 다른 모든 사물과 마찬가지로 그보다 큰 의식에 참여하고 있다고 할 수 있을 겁니다. 그 본보기로 신비론자들과 초개인적 경험을 지닌 사람들은 자신들을 더욱 큰 관점에 놓고 볼 겁니다."(Capra, 1989: 166-167)

참고문헌

Capra, F.(1982). *The Turning Point: Science, Society, and the Rising Culture*. Bantam Books.

Capra, F.(1988). *Uncommon Wisdom: Conversations with Remarkable People*. Simon & Schuster. 홍동선 옮김(1989). ≪탁월한 지혜: 비범한 인물들과의 대화≫. 범양사.

Capra, F.(1996). *The Web of Life: A New Scientific Understanding of Living Systems*. Anchor. 김용정·김동광 옮김(2004). ≪생명의 그물: 살아 있는 시스템들에 대한 새로운 과학적 이해≫(2판 3쇄). 범양사.

Capra, F.(2009). The New Facts of Life: Connecting the Dots on Food, Health, and the Environment. *Public Library Quarterly, 28*(3), pp. 242–248.

Capra, F.(2021). *Patterns of Connection: Essential Essays from Five Decades*. University of New Mexico Press.

Capra, F. & Luisi, P. L.(2014). *The Systems View of Life: A Unifying Vision*. Cambridge University Press.

04

사회적 패러다임과 영성

카프라의 인생 여정 중심에 있는 사업은 바로 패러다임 전환이다. 카프라는 당시에도 유력했던 과거의 패러다임을 탈피하고 새로운 패러다임을 제안했다. 패러다임을 바꿔 지구의 생명 체계를 진정으로 지속 가능하게 하려는 카프라의 노력은 여전히 진행 중이다. 카프라에게 패러다임 전환은 개인의 인식과 실천을 바꿔 개인과 사회를 혁신하는 일을 뜻한다.

사회적 패러다임

카프라는 다음과 같이 고백한다. "물리학자로 살아오는 동안 내가 지녔던 가장 큰 관심사는 금세기(20세기) 초의 30년 동안 물리학 분야에서 일어났고, 지금도 물질에 대한 현대 이론들을 통해 끊임없이 정교화하고 있는 개념과 사상의 극적 변화다. 이러한 물리학의 새로운 개념들은 우리의 세계관에 심오한 변화를 초래했다. 그것은 데카르트와 뉴턴의 기계론적 세계관에서 전일론적·생태적 세계관으로의 전환이다."(Capra, 2004: 19-20)

카프라가 박사 학위를 취득한 이후 평생에 걸쳐 추구한 사업의 중심에 자리 잡은 것은 패러다임 전환이라는 과제다. 토머스 쿤이 처음 제안한 개념인 패러다임은 '어느 한 시기, 어느 한 전문가 집단에게 전형적인 문제와 해결책을 제공하는 보편적으로 인식되는 과학적 성취' 또는 '어떤 과학자 사회가 공유하는 업적들(개념, 가치, 기술 등)의 구성 총체'를 뜻한다. 이는 어떤 분야의 전문가 집단에 한정된 패러다임이다.

카프라는 패러다임을 더 넓은 범위 즉 사회 전체에 적용되는 개념으로 발전시켰다. 그렇게 확장된 패러다임을 '사회적 패러다임'이라고 부른다.

> 1920년대에 양자물리학자들이 겪었던 정신적 위기는 오늘날 그와 유사하지만 훨씬 폭넓은 문화적 위기로 반영되고 있다. 따라서 지금 우리가 보고 있는 것들은 과학 내에서뿐 아니라 더 큰 사회적 장(場, arena)에서 벌어지고 있는 패러다임 전환인 셈이다. 이러한 문화적 변모를 분석하기 위해, 나는 과학적 패러다임에 대한 쿤의 정의를 사회적 패러다임에 대한 정의로 일반화했다. 나는 사회적 패러다임을 '한 공동체가 공유하는 개념, 가치, 인식 그리고 실천으로 이루어지는 총체로, 이것이 그 공동체가 자신을 조직하는 방식의 기본이 되는 실재에 대한 특정한 관점을 형성한다'고 정의한다.(Capra, 2004: 21)

카프라는 이미 몇백 년간 유럽의 문화를 지배했고 현대 유럽 사회를 형성했으며 유럽 외의 사회에도 중요한 영향을 미친 기존의 사회적 패러다임을 정의한다. 그 패러다임의 근본적 구성 요소로 역학적 체계로서 우주관, 기계로서 인체관, 사회를 생존하기 위한 치열한 경쟁의 장으로 보는 사회관, 경제 성장과 기술 발전으로 무제한의 물질적 진보가 이룩될 것이라는 신념 그리고 여성들이 남성에게 속하는 사회가 자연의 기본 법칙에 따른 사회라는 믿음 등을 꼽았다(Capra, 2004: 21). 카프라가 지적한 우주관, 인체관,

사회관, 진보관, 종속적 여성관 등은 작게는 인체나 생명 개체의 구조에서 크게는 남녀 관계와 사회 질서, 역사나 자연의 흐름에 대한 관념, 우주 전체에 이르기까지 공동으로 작용한다.

카프라는 왜 사회적 패러다임 전환에 심혈을 기울였을까? 그러한 전환을 모색하는 생각의 싹은 카프라의 최초 저술에서부터 드러났다. 카프라는 현대 사회가 '자연에서 관찰되는 조화로운 상호 관계', 즉 역동적 평형을 놓치고 있다고 지적했다. 그 평형을 성취하려면 근본적으로 다른 사회적·경제적 구조가 필요하다. 즉 진정한 의미에서의 문화 혁명이 필요하다. 카프라는 ≪전환점≫에서 이를 패러다임 전환으로 더욱 명료하게 개념화했다. 이 책에서 카프라는 다양한 분야의 특출한 전문가들과 일대일 혹은 일대다로 대화하고 토론하면서 확보한 전문적 지식들을 자신의 문제의식에 따라 정리해 문명 전환을 위한 틀로서 패러다임의 얼개를 제안했다. 그 과정은 ≪탁월한 지혜≫에 상세하게 기술되었다.

사회적 패러다임이 필요한 이유는 ≪전환점≫에서 자세하게 제시된다. "매일 신문을 통해 접하는 지구촌의 수많은 위기 현상들, 즉 고도의 인플레이션과 실업(失業), 에너지 위기, 건강 관리의 위기, 오염과 환경 재해, 폭력과 범죄의 증가 추세 등은 사실상 하나의 동일한 위기가 각각 다르게 나타나는 것이며, 이 위기는 본질적으로 인식의 위기다. 이 위기는 1920년대 물리학의 위기와 같이, 데카르트-뉴턴적 과학의 기계론 세계관인 이미 낡은 세계관의 관점을 그러한 관념으로는 도저히 이해할 수 없는 실재에 적용하려는 무리에서 연유한다."(Capra, 1985: 17-18) 또한 카프라는 ≪히든 커넥션≫ 7장 "게임판을 바꿔라"에서 시스템의 변화를 강조한다. "최근의 자연 재앙은 환경 문제와 사회 문제가 복합적으로 뒤엉킨 결과"고, "빈곤, 자원의 부족, 인구 폭발이 화학적으로 결합되면서 생태계와 지역 공동체를 와해하고 분열시키는 악순환"이 거듭되며, 현재의 세계자본주의는 "생태학적으로나 사회적으로나 지속 불가능"하다고 지적한다. 그러면서 환경 규제가 절박하고 더 나은 경영법과 더 효율적인 테크놀로지가 필요하지만 이것들만으로는 충분하지 않다고 이야기한다. 즉 철저한 시스템적 변화가 필요하다는 것이 카프라의 견해다. 이는 무엇보다 사회적 패러다임의 공유와 그에 입각한 인류 생활 각 부문의 운영 방식들, 더 나아가 개인들의 삶을 개조하는 일이 필요함을 뜻한다.

시스템적 생명관과 영성

카프라는 사회적 패러다임을 ≪생명의 그물≫에서 개념화했고 ≪히든 커넥션≫에서 성숙시켰다. ≪히든 커넥션≫에서 사회적 패러다임은 '미래의 사회 구조를 설계하는 원칙'으로 소개된다. 여기서 알 수 있듯 카프라가 현재의 세계관이나 각 분야의 활동 방식, 개인의 인식과 삶 등 모든 것을 바꾸려 한다는 것은 확실하다. 그렇다면 그러한 변화를 가져올 방법은 무엇인가? 카프라가 제시한 방법을 말하기에 앞서 그가 걸어온 길을 간략하게 돌아보자.

≪히든 커넥션≫은 ≪물리학의 도≫, ≪전환점≫, ≪녹색정치≫, ≪그리스도교의 아주 큰 전환≫, ≪생태경영≫, ≪지속 가능성을 위한 경영≫ 그리고 ≪생명의 그물≫ 등의 저술들에서 다룬 내용을 사회적 패러다임의 틀 안에 종합하고 미래 사회에 적용할 방법을 제안한 책이다. ≪히든 커넥션≫에 녹아든 일련의 저작들은 카프라의 사회적 패러다임이 성장한 과정을 보여 준다. 첫 저술인 ≪물리학의 도≫에서는 사회적 패러다임 구축과 관련된 노력이나 아이디어가 구체화되지 않았지만, 두 번째 저술인 ≪전환점≫에서는 패러다임의 중요성에 관한 의식이 뚜렷하게 드러난다. 카프라는 데카르트의 기계론적 세계관을 대체하는

패러다임을 제안하며 그것을 '시스템적 생명관'으로 이름 붙였다. 카프라는 ≪생명의 그물≫에서 심층생태학을 패러다임의 주축에 놓았고 이후에도 마찬가지였다. 카프라의 패러다임은 처음에는 다소 이념적인 경향이 강했지만, 점차 현실 적합성을 확보하면서 발전해 나갔다. 이는 카프라가 여러 분야의 전문가들과 토론하고 대화하면서 자신의 패러다임이 사회 각 영역에서 생태계적 관계망을 이해하는 데 필수적이며 실천 역시 적절하게 도출할 수 있다는 사실을 확인했기 때문이다. 이와 동시에 시스템적 생명관 이론을 정확하고 정밀하게 다듬어 각 분야에 잘 적용되도록 했기 때문이다.

"생명의 그물"은 카프라가 추구하는 생태학적 연결망의 또 다른 표현이다. 카프라는 미래의 사회 구조를 설계하는 원칙과 자연이 생명의 그물을 유지하기 위해 진화시켜 온 조직 원리가 일치해야 한다고 믿는다. 이때 그 조직 원리는 마투라나와 바렐라가 제안한 자기제작 (또는 자기생성) 원리다. 자기제작 원리는 마투라나와 바렐라의 공동 서술 ≪자기생성과 인지(Autopoiesis and Cognition)≫와 ≪앎의 나무(The Tree of Knowledge)≫ 등에서 제안되었다. 카프라는 이를 자신의 시스템적 생명관을 떠받치는 이론적 기반으로 삼았다. 카프라에 따르면 자연은 아주 오랜 세월 동안 생명 체계의 지속을 가능케 하는 자기생성적·자기갱신적 노하우를 그 체계 안에 집약하면서 적절한 조직 활동을 유지해 왔다.

카프라는 사회 역시 이러한 시스템적 생명관에 부합한다고 본다. 반면 사회 체계 이론을 정립한 니클라스 루만(Niklas Luhmann)은 사회 시스템이 자기생성적이지만 생명 체계는 아니라고 본다. 카프라는 이에 동의하지 않는다. 따라서 카프라는 루만을 자신의 사회적 패러다임 구성에 적극적으로 끌어들이지 않았다. 여기서 물리학에서 생물학·생태학으로 확장된 카프라의 지적 여정이 다시 사회 영역으로 확대 전개된다. 이는 대단한 지적 모험이다. 전문 분야를 새로이 개척하는 것일뿐더러 각 영역 전문가들의 견해를 선별하고 종합하는 엄청난 노력을 요하기 때문이다. 또한 각 영역 전문가들의 비판을 넘어서서 설득력을 갖출 필요가 있다. 카프라는 그러한 일들을 훌륭하게 성취했다.

카프라가 제시한 사회적 패러다임의 또 다른 핵심은 인간이 생태학적 연결망의 국외자가 아니라 일원이라고 보는 데 있다. 즉 카프라의 사회적 패러다임은 우리 자신이 우주 전체의 일원, 거대한 질서의 일부라는 점을 강조함으로써 진정한 실천과 실현의 계기를 마련한다.

이와 관련해 주목할 만한 것은 카프라가 정신의 여러 영역 혹은 층위 가운데 영성을 강조한다는 점이다. 카프라는 베이트슨, 마투라나와 바렐라에게 영향을 받아 정신과 몸이 사실상 생명의 한 흐름이자 패턴이라는 생각을 수용했다. 이는 데카르트 이래 적어도 300년 이상 서구인들의 생각을 지배했던 정신/물질 이원론의 인식 체계와 근본적으로 다르다. 그간 서구에서는 정신과 몸 혹은 뇌의 관계에 대해 정확한 견해를 갖기 어려웠다. 20세기 말에도 학계 일반에서 그 관계에 대한 명확한 견해가 정립되지 않았다. 그러다 마투라나와 바렐라의 인지생물학, 조지 레이코프(George Lakoff)와 마크 존슨(Mark Johnson) 등의 인지언어학을 통해 '구체화된 정신(embodied mind. 체화된 정신)' 개념이 정설화했다. 이로써 사람의 정신과 그곳에서 발생하는 자아라는 의식은 독립적·절대적 위상을 상실했다.

카프라는 구체화된 정신 개념의 연장선상에서 그동안 종교가 신비적·초월적 영역에 두었던 영성을 시스템적 연결망 안에 포함시켰다. 동서양에서 영성이 시녔던 고전적 의미에서 시스템 사고에 적합한 영성의 의미를 추출해 재정립한다. 영성을 의미하는 라틴 단어 'spiritus'는 원래 '숨'을 뜻했다. 유사한 의미로 사용되는 라틴의 'anima', 그리스어의 'psyche', 산스크리트의 'atman' 역시 '숨'을 뜻한다. 카프라는 이러한 어원적 분석에 입각해 영성을 '생명의 숨결'로 정의한다. 이는 모든 생명계의 공통 특징인 대사 과정의 네트워크를 완벽하게 비유한 표현이기도 하다. 영성은 생명의 숨결처럼 생명 작용과 결코 분리되지 않는다. 영성은 몸 또는 생명 전체의 과정과 긴밀하게 연결되어 있다.

왜 시스템 사고는 신비 또는 초월의 영역에서나 경험하는 것으로 간주되었던 영성을 중요하게 취급할까? 카프라는 베네딕트회 수도자이자 심리학자인 데이비드 스타인들라스트가 발표한 수필 "상식으로서 영성(Common Sense Spirituality)"에서 "영적인 경험은 생명의 충만감으로 가득한 순간"이라는 정의를 끌어온다(Capra, 2021: 343). 심리학자 에이브러햄 해럴드 매슬로(Abraham Harold Maslow)에 따르면 "절정의 경험(peak experience)이 있는 동안 밀려오는 삶의 충만감은 몸과 정신으로 동시에 경험하는 것"(Capra, 2021: 343)이다. 이 표현에 따르면 영성이란 신비한 것이 아니라 일상생활에서 충만감을 얻을 때 경험하는 것이다. 한편 불교에서는 최고조에 다다른 정신 상태 즉 정념(正念)은 몸 깊숙한 곳에 뿌리박고 나온다고 말한다. 이처럼 동서양 그리고 과거와 현대를 막론하고 '정신과 몸의 충만함', 즉 정신/신체를 구분하는 이원적 사고를 초월하는 영역을 이미 체화한 전통이 있다. 카프라는 여기서 더 나아가 영적인 순간의 인식을 "모든 것과 하나가 되는 느

낌, 즉 [자신이] 우주 전체의 일원이라는 깨달음"(Capra, 2021: 343)으로 정의한다. 따라서 카프라에게 영성은 시스템적 생명관 또는 생태학적 연결망을 실천적으로 성취하는 데 긴요한 방법이자 성과로 간주된다.

요컨대 카프라의 사회적 패러다임은 비생물과 생물을 포괄하고, 인간의 정신과 신체를 통합하며, 영성을 통한 우주·자연과의 일체감에 입각해 관계망을 회복시켜, 조화로운 상호 관계와 역동적 평형 즉 건전한 관계망에 기반한 지구 생명 시스템의 항상성을 회복하려는 가치지향적 시스템 사고다.

참고문헌

Capra, F.(1982). *The Turning Point: Science, Society, and the Rising Culture*. Bantam Books. 이성범·구윤서 옮김(1985). ≪새로운 과학과 문명의 전환≫. 범양사.

Capra, F.(1996). *The Web of Life: A New Scientific Understanding of Living Systems*. Anchor. 김용정·김동광 옮김(2004). ≪생명의 그물: 살아 있는 시스템들에 대한 새로운 과학적 이해≫(2판 3쇄). 범양사.

Capra, F.(2002). *The Hidden Connections: Integrating the Biological, Cognitive, and Social Dimensions of Life into a Science of Sustainability*. Doubleday.

Capra, F.(2021). *Patterns of Connection: Essential Essays from Five Decades*. University of New Mexico Press.

Lakoff, G. & Johnson, M.(1999). *Philosophy in the Flesh: the Embodied Mind and its Challenge to Western Thoughts*. Basic Books.

Maturana, H. R. & Varela, F. J.(1980). *Autopoiesis and Cognition*. D. Reidel Publishing Company.

Maturana, H. R. & Varela, F. J.(1992). *The Tree of Knowledge*. Shambhala.

05
전환점

오늘날 전 지구적 위기를 해결할 지속 가능한 방안을 마련하지 못하는 우리의 무능력은 대개 15세기 후반에서 18세기 후반 유럽에서 형성된 사회적 비전과 구조에 기인한다. 현대 문명의 위기를 극복하려면 사람들의 사고와 행동의 흐름에 거대한 전환이 일어나야 한다. 인류 전체의 문제에 대한 해법과 관련된 인식 체계, 가치관, 삶의 양식 등을 전환할 수 있는 패러다임이 필요하다.

사조의 전환

카프라의 사회적 패러다임은 사회 영역들과 그 세부 현상들을 모두 하나의 생태적 연결망으로 인식해 지구 생명 시스템의 정상화를 꾀한다. 카프라가 ≪전환점≫ 첫머리에 ≪주역(周易)≫의 복(復)괘(복괘는 '돌아온다'라는 뜻의 '복'과 관련된 괘로, 본래 상태로 회복되는 것을 의미한다)를 그려 넣은 것은 지구 생명 시스템을 파괴하는 흐름이 종료되고 다시 생명의 선순환이 시작되어야 한다는 기대와 가능성을 시사한다.

패러다임이 과학에 국한되면 인식 문제는 과학적 논의에 한정되지만, 사회 전체로 확장되면 인간의 생명과 정신, 사회 조직 등이 서로 연관되고 인식과 실천 등이 중요한 내용으로 떠오른다. ≪전환점≫, ≪생명의 그물≫ 등에서 제시된 사회적 패러다임의 원형은 ≪히든 커넥션≫, ≪시스템적 생명관≫, ≪법의 생태학≫ 등에서 생명 시스템과 생태학적 연결망에 입각한 전략적 실천 방안과 비전으로 구체화한다. 이에 따라 카프라의 집필 영역 역시 학문사 혹은 과학사에서 문명사로 확장되었으며 사회의 여러 분야, 경제·정치·법학·종교 등에서의 실천 방안을 아우르게 되었다.

카프라는 사회적 패러다임의 모태인 시스템적 생명관

을 담은 ≪전환점≫을 저술하기 위해 8~9년이라는 긴 세월에 걸쳐 여러 분야의 전문가들과 면담하고 토론하면서 자신의 견해를 다듬었다. 마지막에는 전문가로 구성된 심포지엄을 열어 저술의 내용과 구조를 구성했다. 카프라는 이러한 과정을 거치면서 사이버네틱스, 동양의 여러 사조들, 심리학, 정신의학, 의학, 경제학, 정치학, 여성학, 생태학 등의 분야를 꼼꼼하게 점검했고 문명 전환의 필요성을 역설했으며 새로운 문명에 적합한 인식 체계의 틀을 다졌다. 그러면서 자연스레 카프라의 관심은 물리학에서 생물학으로 그리고 사회와 문명으로 확대되었다. 특히 아시아의 전통 사상과 새로운 기독교 해석에서 영적 에너지를 섭취하며 독특하고 일관성과 통일성을 지닌 시스템적 생명관을 확립해 나갔다.

카프라의 관찰에 따르면 20세기 후반 지구촌 사회는 위기에 처했다. 무한 군비 경쟁, 핵무기 경쟁, 원자력 사용, 인구 과밀과 산업 기술의 과용이 낳은 자연환경 파괴, 인간의 건강과 보건의 열악화, 각종 사회적 병리 현상과 경제의 변칙성(심한 인플레이션, 대량 실업, 구조적으로 발생하는 소득과 부의 분배 불균등 등) 등이 날로 심각해졌다. 그러나 더욱 큰 문제는 각 분야의 전문가로 간주되는 사람들이 자신의 분야에서 발생하는 긴급한 문제를 제대로 다룰 수 없다는 데 있었다. 즉 경제학자가 인플레이션을 이해하지 못하고, 병리학자가 암의 발병 원인에 당황하며, 정신분석학자가 정신분열증에 미혹하고, 경찰이 증가하는 범죄에 속수무책인 현상들이 카프라의 시야에 잡혔다. 문제의 요인들이 복잡하게 얽혀 증폭 작용을 일으키는 것이 현실인데, 한정된 시야를 지닌 학자들이나 전문가들은 이 현실을 제대로 보지 못한다. 따라서 이들은 더 이상 문제를 근본적으로 해결할 수 없다는 것이 카프라가 지적하는 위기의 본질이다.

이러한 위기를 해결하려면 무엇보다 인식 전환이 필요하다. 카프라가 새로운 인식의 틀로서 시스템을 주목한 이유가 여기 있다. 카프라는 인간과 자연 사이 모든 것이 서로 의존하고 상호 연결되어 있다고 인식하는 시스템 사고에 입각해 문명을 시스템이라는 새로운 눈으로 관찰했다. 원리상 그 새로운 눈은 기계론, 환원주의, 서열적 혹은 위계적 존재론을 벗어난 생태적 연결망에 초점을 맞추는 시스템적 생명관을 취한다. 그러한 관점을 학문적 방식으로 논의하는 일도 필요하지만, 일상생활의 주요 영역에서 관습적으로 시행되거나 준수되었던 세계관·인간관을 바꾸는 일 역시 중요하다. 바꿔야 할 대상은 생명 시스템을 왜곡하는 패턴들이다. 이 패턴들은 어느 한 영역이 아니라 시스템 전체에 좋지 않은 영향을 끼친다. 이들이 제대로 시정되고 실천되어야 생명 시스템이 원만하게 작동할 것이다.

균형을 찾아서

카프라가 어떻게 사회를 생명 시스템의 역동적 흐름으로 나아가게 했는지 살펴보자. ≪탁월한 지혜≫ 5장 "균형을 찾아서", 6장 "미래의 대안들"은 카프라가 모색하는 전환점, 즉 새로운 세계관과 패러다임이 무엇에 준거하는지 보여 준다. "균형을 찾아서"에서 카프라는 자신이 물리학 외 다른 분야에서 패러다임 변화를 어떻게 탐구할지 계획할 때 가장 먼저 의학에 관심을 보였다고 밝힌다. 카프라는 ≪물리학의 도≫ 집필을 마무리하기 전에 이미 의학 분야에서 출현한 새로운 패러다임을 접했다. 그 계기는 '5월 강좌'였다. 이 강좌는 1974년 5월 영국 런던 부근의 브루넬대학교에서 열렸고, 영국과 미국의 몇몇 인간 잠재력 운동 조직들이 주최해 유럽과 북미에서 모여든 50여 명의 사람들이 참여했다. 카프라는 여기서 건강과 치유에 대한 접근법인 전일적 의학과 만났다. 카프라에 따르면 이 만남은 그의 패러다임 전환이 의학 등의 분야로 확대되는 계기가 되었다.

의학과 관련해 카프라가 인상 깊게 기술하는 인물들은 사이먼턴 부부, 마거릿 록, 만프레트 포르케르트 등이다. "균형을 찾아서" 장 전체를 관통하는 주제는 전일적 건강의 틀 또는 전체성과 건강의 연관성에 관한 시스템 사고의 확보다. 카프라는 이 장 말미에 자신이 "균형을 찾으려는 탐구에 쏟은 오랜 노력으로 새롭고도 흥미로운 개념적 틀을 만들어 냈다는 보상을 얻었고, 이와 동시에 나 자신의 신체와 정신의 균형은 더욱 강화되었다"(Capra, 1989: 244)고 기술한다.

카프라는 5월 강좌의 모든 참석자가 공통적으로 서양 과학과 철학에서 막 일어나려 하던 의미심장한 개념 전환을 깨닫고 있었고, 한결같이 기존 의료 방식에 환멸을 느끼고 있었다고 묘사한다. 카프라에 따르면 이들은 과학의 패러다임이 기계론적이고 환원론적인 인간 본성관에서 전일적이고 생태적인 비전으로 전환되고 있다는 의견을 공유하면서, 인체를 일종의 시계로 보는 데카르트적 이미지에 근거한 기존 의학의 기계론적 접근법이 현재의 보건 위기의 주요한 원인이라는 인식을 분명히 했다. 또한 그들은 병원 중심, 약물지향적 의료 방식에 매우 비판적이었다. 그런 현대의 과학적 의학은 이미 한계에 도달했으며, 공중 보건을 개선하기는커녕 이제는 현상 유지도 어렵다는 확신을 공유했다.

5월 강좌 참석자들이 대안으로 제시한 미래의 보건은 기존 의학의 범위를 훌쩍 넘어서서 건강에 영향을 미치는 현상의 커다란 그물 조직을 다루는 방향으로 나아간다. 이 그물 조직은 심신의 융합, 더 나아가 인간과 환경 간 상호 관계의 연결망을 의료의 영역으로 포섭한다. 이는 실험실에서 확보된 생화학적 데이터로 인간의 건강을 측정하는 환원주의적 의학의 관점을 벗어나 전일적 의학의 관점을 확보하는 방법이었다.

카프라가 5월 강좌에서 얻은 새로운 의학의 개념들은 요약하자면 모든 형태의 치료법에 심신적(psychosomatic) 접근법을 적용한다. 사이먼턴 부부는 정신이 암의 발병 원인과 치료에 미치는 역할을 밝히려 했다. 의학적 인류학자인 마거릿 록은 중국의 신체관과 의학적 개념을 다음과 같이 요약한다. 중국의 전통 사상은 "자연의 질서란 음과 양의 역동적 균형"이라고 보며, 여기에 오행을 더해 우주의 질서를 패턴으로 설명한다. 이에 따라 신체는 일종의 동적 평형을 상실했을 때 질병 상태에 빠지며, 치료는 이 평형의 회복을 목표로 삼는다. 카프라는 록의 소개로 공식 행사 자리에서 중국 의학 전문가인 포르케르트와 기(氣)에 관해 대담하기도 했다. 이로써 카프라는 동아시아 의학을 기초로 삼아 시스템적 건강관을 정립했다.

카프라가 정리한 의학 패러다임 전환의 요체는 다음과 같다. 첫째, 전일적 접근법은 건강과 질병을 다룰 때 정신과 신체의 상호 의존성을 특별히 고려해야 한다. 둘째, 인간 유기체가 자연·사회 환경과 끊임없이 상호 작용한다는 생태적 관점을 내포해야 한다. 이에 따라 카프라는 암에 대한 심신적 접근법, 전일적 건강의 틀에 대해 논의하면서 건강이 단지 개인의 문제에 그치는 것이 아니라 사회적 차원과 정치적 차원에까지 연결된다고 주장한다. 그러면서 세상의 여러 치료법들은 물리적 균형, 생화학적 균형, 정신적 또는 정서적 균형 그리고 미묘한 에너지 패턴의 더욱 심원한 수준의 균형 등 각기 다른 수준에서 균형 잡기 방법을 사용하지만 결국 이들 모두 유기체의 균형을 회복하고 유지하는 것을 목표로 삼는다고 결론짓는다.

미래의 대안들: 경제 규모의 축소와 생태적 영성

카프라는 ≪탁월한 지혜≫ 6장 "미래의 대안들"에서 경제학, 정치학, 생태학, 여권 운동, 영성 등을 미래의 대안 모색이라는 주제 아래 연결한다. 여기서 미래의 대안은 5장에서 제시된 역동적 균형 잡기의 연장선상에 있는 현대 사회 문제의 해법이다. "미래의 대안들"에서 소개하는 인물로는 경제학자 슈마허, 여권 운동가 그리어, 여권 운동가이자 생태학자인 머천트, 급진적 여권 운동 이론가 리치, 여권 운동·영성·생태학을 융합한 스프레트낵 등이 있다.

카프라가 ≪작은 것이 아름답다≫의 저자 슈마허를 주목하게 된 계기는 "이른바 '불교경제학'을 설법하는 일종의 경제학 수행자"라는 신문 서평이었다. 카프라에 따르면 슈마허는 불교의 영향을 받아 자연을 수탈하는 대신 자연과 협력하는 비폭력적 경제학을 권장한 인물이다. 슈마허 경제철학의 핵심 사상은 경제학의 사고를 지배하는 물질주의적 체제를 벗어나 인간다움과 관련된 가치를 도입하고, 올바른 생활(right livelihood, 正命)과 중도(Middle Way)에 기반해 최적의 소비 형태와 인간 안녕의 극대화를 추구하는 불교경제학 체제다. 자연계에 대한 인간의 의존성을 무시해서는 안 되며, 생태학이 모든 경제학도가 배워야 할 필수 과목이 되어야 한다는 슈마허의 사고 역시 카프라의 사고와 공명했다. 요컨대 슈마허는 생태학에 바탕을 두는 경제학이 인간에 대한 새로운 사상 체계를 요하며, 경제학이 인간에 대한 관심에 기초한 '인간을 문제 삼는 경제학'으로 나아가야 한다고 주장했다. 또한 무엇이든 규모를 키우려 하는 현대 경제의 경향과 달리 인간은 작고도 포괄적인 집단을 이룰 수 있으며 작은 규모, 관리 가능한 단위로 생각하는 방법을 배워야 한다고 결론짓는다. 카프라는 슈마허가 "작은 것이 아름답다"는 방향성을 제시했다고 요약한다. 즉 현대 경제가 병리적 성장, 불건전한 성장, 분열적·파괴적 성장을 용인하는 것에 대해 경고하면서 자연과 인간 사이의 균형을 회복해 건전한 경제를 회복할 방안을 마련했다고 본다.

그런데 카프라는 슈마허가 가부장적 문화를 체화한 인물이라며 "미래의 대안들"에서 그를 부정적으로 평가하기도 한다. 그러면서 당시 여권 운동과 생태학의 연결 고리를 확인한다. 카프라는 가부장적 권위주의가 단지 남성이 여성을 억압하고 핍박하는 체제를 유지하는 데 그치지 않고 남성과 남성 사이에도 수직적 지배와 복종의 질서를 낳으며, 결국 여성 해방이 남성 해방으로도 이어진다고 생각했다. 이러한 관점이 슈마허의 생태학적 경제학 사상에 보완되어야 한다고 여겼다. 즉 경제학이 건전한 사회 체계의 항상성을 위해 여성과 남성의 균형 잡힌 관계를 고려해야 한다고 봤다.

여성주의의 관념들은 카프라가 생명 시스템 사고를 형

성한 과정과 긴밀하게 관련된다. 카프라는 자신이 여권 운동가들을 통해 남녀평등의 시각과 새로이 출현하는 패러다임 사이에 중요한 연관성이 있음을 깨달았다고 말한다. 이런 맥락에서 카프라에게 큰 감명을 준 인물은 스프레트낵이다. 카프라에 따르면 스프레트낵의 저술은 현대 문화의 3대 주류(여권 사상, 영성, 생태학)를 융합하는 데 본보기가 되었다.

스프레트낵은 다양한 종교 전통에 대한 연구, 불교적 명상 체험, 여성으로서 경험적 지식을 바탕으로 '여성의 영성'의 복합적 면모들을 탐색해 왔다. 스프레트낵이 제시한 여성의 영성 개념은 핵심적인 생명 과정과의 연결이라는 경험 안에 단단히 자리 잡고 있어 깊은 생태학적 의미를 지니며, 미국 원주민들의 영성과 동아시아의 도교 등 생명을 긍정하고 지구를 지향하는 영적 전통들과 밀접한 관계를 맺는다. 카프라는 이 여성의 영성이 지닌 특성에 주목하고 그것을 수용했다. 그 이유는 육체를 통해 생각하는 여성의 능력이 지닌 '영적·정치적 의미'에서 찾을 수 있다. ≪여성 영성의 정치학(The Politics of Women's Spirituality)≫에서 스프레트낵은 여성의 성적 기능, 임신, 출산과 모성이 자연의 주기적 과정에 붙박인 모든 존재와 모든 생명의 본질적 연결성을 나타내는 '신체적 비유(body parable)'라고 봤다. 또한 카프라는 남성이 분석 기술에서 우위를 보인다면, 여성은 맥락 지각과 통합 기술에서 우위를 보인다고 말한다. 카프라에 따르면 맥락 지각과 통합 기술은 생태학적 패러다임과 통하는 패턴이며, 여성의 사고가 전일적 사고의 표출이게 한다. 카프라가 여권을 중시하고 남녀평등을 추구하는 이유가 여기에 있다. 카프라는 여성의 영성을 통해 남성도 생태적 연결망에 접속하고 함께 작동할 수 있음을 시사한다.

참고문헌

Capra, F.(1982). *The Turning Point: Science, Society, and the Rising Culture*. Bantam Books.

Capra, F.(1988). *Uncommon Wisdom: Conversations with Remarkable People*. Simon & Schuster. 홍동선 옮김(1989). ≪탁월한 지혜: 비범한 인물들과의 대화≫. 범양사.

Capra, F.(1996). *The Web of Life: A New Scientific Understanding of Living Systems*. Anchor.

Capra, F.(2002). *The Hidden Connections: Integrating the Biological, Cognitive, and Social Dimensions of Life into a Science of Sustainability*. Doubleday.

Capra, F. & Mattei, U.(2015). *The Ecology of Law: Toward a Legal System in Tune with Nature and Community*. Berrett-Koehler Publishers.

06
생태적 관점

카프라는 시스템적 관점과 생태적 관점을 동의어로 사용한다. 부분보다 전체를 중시하고 전체 위주로 관찰한다. 생태학적 입장은 부분에 초점을 맞춰 모든 것을 설명하는 기계론적·환원론적 입장과 상반된다. 지속 가능성에 대한 위협에 맞서 지구의 생명 체계를 지키려면 사람들의 인식을 전환해야 한다. 이는 곧 환원론적·기계론적 사고에서 시스템 사고로의 전환을 의미한다.

생태학적 연결과 네트워크로 보는 세계

심층생태학은 카프라가 제안하는 새로운 패러다임의 한 축을 차지한다. 심층생태학 운동을 제안한 노르웨이의 철학자 아르네 네스는 카프라에게 심대한 영향을 미쳤다. 카프라가 ≪생명의 그물≫ 첫 장을 심층생태학으로 시작하는 것은 곧 생태적 연결망에 대한 이해와 그에 입각한 실천이 패러다임 전환의 귀결점임을 시사한다. 카프라가 펼치고 있는 생태문해력 계몽 운동이 이에 근거하며, 현재 벌이는 사회적 활동 대부분이 이를 인식론적·실천적 기반으로 삼는다.

카프라에 따르면 20세기부터 학문적 패러다임에서 본격화한 대립·긴장은 부분과 전체 사이 긴장에 기인한다. 기계론적·환원론적·원자론적 관점은 부분을 강조하고, 전일론적·유기체론적·생태적 관점은 전체를 강조한다. 21세기 과학에서 전일론적 관점은 시스템적 관점을 함축하는 사고방식으로 여겨진다. 이런 맥락에서 보면 카프라의 관점은 전일론에 해당하지만, 카프라는 자신의 패러다임을 정의하는 용어로 '전일론'보다는 '생태적'이 적절하다고 본다. 그 이유를 자전거의 비유로 설명한다. "자전거에 대한 전일론적 관점은 자전거를 기능적 전체로 보고, 그에 따라 그 부분들의 상호 의존성을 이해한다. 반면 자전거에 대한 생태적 관점은 자전거가 그 사회적·자연적 환경 속에 어떻게 포괄되어 있는지에 대한 인식을 추가한다. 다시 말해 자전거를 만드는 데 사용된 원료 물질들이 어디서 왔는지, 그 자전거가 어떻게 제조되었는지, 자전거의 이용이 자연환경과 그것을 이용하는 공동체에 어떤 영향을 미치는지 등에 대한 인식을 추가한다."(Capra, 2004: 22)

카프라는 심층생태학을 생태적 관점의 진정한 모델로 택했다. 심층생태학은 세계를 분리된 사물들의 집적으로 보는 대신, 세계가 근본적으로 상호 연결되어 있고 상호 의존적인 현상들의 연결망이라고 보는 관점이다. 모든 생물이 각각 고유의 가치를 지님을 인정하고, 인간을 생명의 그물 속에 포함되어 다른 생물들과 함께 씨줄과 날줄을 짜는 구성원으로 여긴다. 즉 인간의 관점과 방식을 세상의 중심으로 삼지 않는다. 인간의 방식은 생명의 다양한 전개 방식들 가운데 하나일 뿐이고, 궁극적으로 다른 생명의 전개 방식들과 조화되어야 한다고 강조한다. 게다가 심층생태학은 생태학적 생활양식과 환경적 행동주의에 가장 이상적인 철학적·영적 기반을 제공한다.

카프라는 심층생태학에 사회생태학과 생태여성주의(ecofeminism)를 포함시킨다. 이로써 현대의 생태학적 위기를 불러온 문화적 특성이나 사회 조직 패턴에 대한 인식을 제공하지 못하는 심층생태학의 한계를 보완한다. 사회생태학에는 여러 학파가 존재하는데, 그 공통적 기반에 해당하는 것이 라이앤 아이슬러(Riane Eisler)의 비판적 사고다. 이 사고는 인류의 사회경제적 구조와 그 기술들의 가장 근본적인 반생태학적 본성이 '지배자 시스템(dominator system)'에 근거한다는 비판적 인식을 담고 있다. 제국주의, 자본주의 그리고 인종차별주의가 지배자 시스템의 전형적 사례다. 마르크스주의 집단, 무정부주의 집단 등이 그러한 시스템에 저항했다. 카프라는 이들과는 달리 생태적 관점을 통해 오래된 지배자 시스템을 극복하려 한다.

카프라는 사회생태학의 특수 분야인 생태여성주의를 신석기 시대 이래 인류의 관습적 체제로 깊이 뿌리 내린 가부장제 혹은 남성 지배 시스템을 극복할 새로운 인식 체계로 꼽는다. 특히 여성에 대한 남성의 가부장적 지배가 사회에 만연한 계급적·군국주의적·자본주의적·기업적 지배와 착취의 원형이라는 생태여성주의자들의 지적을 중시한다. 카프라는 이런 여러 유형의 지배·착취를 자연에 대한 인간의 지배·착취와 연결한다. 그러면서 피해자로서 자연과 여성의 역사 속에서 여성주의와 생태주의가 자연스레 연관된다고 주장한다. 요컨대 카프라는 생태적 관점을 남녀 관계에도 적용해 지배와 착취라는 현상을 넘어선 평등한 상호 관계 연결망을 구상한다.

코스타리카국립대학교의 헤라르도 모랄레스(Gerardo Morales)는 카프라의 생태학적 사고가 발전한 과정과 그 귀결이 연결망, 즉 네트워크에 있다는 점을 분명히 한다.

> ≪히든 커넥션≫ 에필로그에서 카프라는 "이 책을 쓸 때 나의 목표는 생명의 생물학적·인지적·사회적 차원을 통합하는 개념적 틀, 즉 우리 시대의 중요한 문제들에 접근하는 체계적 접근 방식을 도입하기 위한 틀을 개발하는 것이었다"고 말한다. 형태, 물질, 과정, 의미라는 상호 연결된 관점으로 생명 시스템을 분석하면 물질의 영역과 의미의 영역 모두에서 일어나는 현상에 생명에 대한 통합된 이해를 적용할 수 있다. 예를 들어 우리는 생물학적 시스템의 대사 네트워크가 사회 시스템의 커뮤니케이션 네트워크에 대응하고, 물질적 구조를 생성하는 화학적 과정이 의미적 구조를 생성하는 사고 과정에 대응하며, 물질과 에너지의 흐름이 아이디어와 정보의 흐름에 대응한다는 것을 보았다. 생명에 대한 이러한 통합적이고 체계적인 이해의 기본 개념 중 하나는 기본 조직 패턴이 네트워크라는 것이다.(Morales, 2005: 42)

사고와 가치의 새로운 지향점: 과학 탐구와 윤리

카프라는 생태학적 패러다임을 제안하면서 과학적 사실이 인간의 인식, 가치 그리고 행동의 전체적 배열 속에서 창발된다는 점을 강조한다. 아울러 심층생태학적 인식이 일반화되려면 혁명과도 같은 새로운 윤리 체계가 자리 잡아야 한다고 역설한다. 이는 그동안 학문의 가치중립성을 신성시해 온 학문 세계의 전통에서 벗어나는 것이다.

17세기 서유럽에서 진행된 과학혁명으로 가치는 사실과 분리되었다. 그 이후 과학적 사실(지식)은 탈가치적이거나 가치중립적이라는 신념이 작동해 왔다. 카프라는 이러한 신념을 반박하면서 현대 과학이 생명 체계를 수호하기는커녕 파괴하고 있으면서도 이 사실을 눈감고 책임을 면하려 한다는 점을 지적한다. 물리학자들(특히 핵물리학자들)은 지구상의 모든 생물을 멸종시킬 수 있는 무기 시스템을 설계하고, 화학자들은 지구 환경을 오염시키며, 생물학자들은 지금까지 알려지지 않은 종류의 미생물들을 자연에 방출하고, 심리학자들과 과학자들은 과학의 진보라는 미명하에 동물들을 학대하고 고문하는 일을 당연시한다.

카프라에 따르면 이러한 만행들은 가치 문제가 과학과

기술에 주변적인 것이 아니라 그 기반이자 원동력이라는 점에 대한 몰지각에서 비롯한다. 카프라가 과학적 연구와 지식 생산이 가치와 긴밀하게 연결되어 있음을 강조하는 것은 곧 과학자들이 자신의 연구에 지적 책임뿐 아니라 도덕적 책임이 있음을 강조하는 것이다. 연구의 상당 부분이 과학자의 가치 체계에 의존하므로 과학자는 결코 가치로부터 자유로울 수 없다.

그렇다면 어떠한 사고를 하고 어떠한 가치를 추구해야 옳은가? 카프라는 생태학과 시스템 사고를 따르면 기존 기계론 패러다임과는 전혀 다른 사고방식과 가치관을 갖게 된다고 설명한다. 현대에 시스템 사고가 등장하면서 나타난 사고방식이나 가치관에서 공통적으로 감지되는 것은 자기주장에서 통합으로의 전환이라고 지적한다. 자기주장이란 자기중심에서 나오는 관점과 태도다. 이것이 과하면 인간중심주의와 지배자 관점으로 기울게 된다. 반면 통합이란 전체를 포용하는 관점에서 사고하고 평가하는 것이다. 카프라에 따르면 이 두 경향은 모든 살아 있는 시스템의 본질이며, 그 둘 중 어느 한쪽이 근본적으로 좋거나 나쁘다고 구분할 수는 없다. 오히려 문제는 둘 중 어느 한쪽으로 기우는 것이다. 카프라가 보기에 그동안 서구인들은 사고와 가치 모두에서 자기주장적 경향이 두드러졌고 통합적 경향을 무시해 왔다. 경쟁, 확장, 지배 등 자기주장적 가치들은 가부장적 사회에서 남성에게 부여된 특권으로 간주되었고 이에 따른 경제적·정치적 보장이나 보상도 컸다. 이를 뒷받침하는 사회 구조는 바로 계급사회다. 카프라는 이러한 사고와 가치 그리고 사회 구조를 패러다임 전환을 통해 균형 잡힌 상생적 구조로 바꿀 수 있다는 입장을 취한다. 카프라가 자기주장과 통합 양자의 균형과 조화를 말하기는 하지만 현재 맥락에서 서구의 자기주장이 강했다는 비판은 더 포용적인 방향으로의 변화가 필요함을 시사한다. 자아 역시 포용적 자아로서 영성을 발휘할 수 있도록 변화해야만 그러한 조화와 균형이 가능하다.

논리에서 정신으로

종합하자면 이러한 사고와 가치의 전환은 세계관과 자아에 대한 관념 혹은 태도를 교정하는 일이다. 세계 또는 자연에 관한 관념 속에서 자아를 규정하는 태도가 행동과 일상생활의 방식을 결정짓고, 그 행동과 일상생활의 방식이 다시 재귀적으로 세계관과 자아의 태도를 지속적으로 강화하기 때문이다. 그러나 카프라는 사고와 가치의 전환보다 정신 혹은 마음의 전환이 더 근본적인 전환이라고 본다. 사고든 가치든 근본적으로 정신, 즉 사람의 마음가짐에서 비롯하기 때문이다.

카프라는 ≪생명의 그물≫에서 심층생태학에 기반한 '생태학적 공동체' 관념을 확립한다. 그리고 사람들이 그 관념을 공유해야 한다고 강조한다. 물론 생태학적 공동체 관념에는 생태학적 연결망에 대한 논리적 인식도 필요하겠지만, 그보다 더 강력한 원동력은 더 근본적 수준에서 발동되는 심리적 혹은 정신적 연결이다. 심층생태학의 관점에 따르면 모든 생물은 생명의 시스템 내에서 각자 고유한 가치를 지니며, 그 가치는 다른 생명체들과 조화와 균형을 이룩할 수 있게 해 전체 시스템의 역동적 균형에 이바지한다. 카프라가 특별히 네스의 말을 인용한다는 것은 새겨볼 만하다.

> '자아'가 확정되고 심어져 자유로운 자연의 보호가 우리 자신의 보호로 인식될 때, 모든 우려는 자연스럽게 사라진다.… 우리가 호흡할 때 그 어떤 도덕도 필요로 하지 않듯이 … 만약 넓은 의미에서 당신의 '자아'가 다른 존재를 포용한다면, 당신은 우려를 나타내는 데 그 어떤 도덕적 훈계도 필요로 하지 않을 것이다.… 만약 실재가 생태학적 자아가 경

험하는 것과 같다면 우리의 행동은 자연스럽게 그리고 아름답게, 엄격한 생태적 윤리학의 규범을 좇을 것이다.(Capra, 2004: 29)

카프라가 네스를 인용하는 이유는 철학자 워릭 폭스(Warwick Fox)가 말하는 '개인을 넘어선 생태학적' 자아관으로의 전환과 상통한다. 생태학적 자아(ecological self)는 생태학과 심리학이 연결되면서 출현한 개념이다. 기존 심리학은 생태학과 친연성이 없었지만, 그 둘 사이에는 최근 생태심리학(eco-psychology) 분야가 생겨날 정도로 깊은 관계가 형성되고 있다. 카프라는 이러한 현상을 언급하며 정신 또는 자아의 전환이 생태학적 실천에서 대단히 중요하다고 시사한다. 이러한 연결은 영성의 차원에서 우주의 구성원으로서 자아를 체험하는 것과 다르지 않다.

카프라는 이렇게 자아를 전환하고 더 나아가 자아와 자연의 공동체적 유대를 확보하면 자연스럽게 생태적 연결망에 적합한 사고와 가치관이 발휘된다고 여긴다. 카프라의 생태문해력 계몽 운동은 현대인으로 하여금 바로 이러한 자아에 대한 태도를 확보하게 한다는 점에서 중요한 사업이다.

모랄레스는 카프라의 자아관이 동양의 신비주의, 특히

불교의 관점과 연결된다고 말한다. 즉 카프라의 정신적 원천이 불교와도 맞닿아 있음을 관찰했다.

> 예를 들어 함축적 질서에 대한 봄의 견해와 동양의 신비주의 사이에는 유사점이 있다. 카프라는 "동양의 신비주의자에게 감각으로 지각되는 모든 사물과 사건은 서로 연결되어 있고 상호 연관되어 있으며, 동일한 궁극적 실재의 다른 측면 또는 표현에 불과하다"고 말한다. 우리가 인식하는 세계를 분리된 개별적인 것으로 나누고 우리 자신을 고립된 자아로 보는 경향은 우리의 정신이 만들어 낸 착각으로 간주된다. 불교철학에서는 이를 무명(avidya) 또는 무지라고 부르며 극복해야 할 혼란스러운 마음 상태로 간주한다.(Morales, 2005: 41)

참고문헌

Capra, F.(1975). *The Tao of Physics: An Exploration of the Parallels Between Modern Physics and Eastern Mysticism.* Shambhala. 김용정·이성범 옮김(2017). ≪현대 물리학과 동양사상≫(3판 1쇄). 범양사.

Capra, F.(1996). *The Web of Life: A New Scientific Understanding of Living Systems.* Anchor. 김용정·김동광 옮김(2004). ≪생명의 그물: 살아 있는 시스템들에 대한 새로운 과학적 이해≫(2판 3쇄). 범양사.

Capra, F.(2002). *The Hidden Connections: Integrating the Biological, Cognitive, and Social Dimensions of Life into a Science of Sustainability.* Doubleday.

Morales, G.(2005). Capra, contestación posmoderna y paradigma ecológico(Capra, Postmodern Response and Ecological Paradigm). *Revista de Ciencias Ambientales(Trop J Environ Sci)*, *29*(1), pp. 32-43.

07
생명 시스템

카프라의 생명 시스템 관점에 따르면 지구의 모든 것은 서로 연결되며 거대한 그물을 형성한다. 지구 생명 체계의 어느 종, 어느 현상도 고립되어 있지 않다. 모든 것은 상호 연결되고 상호 의존하면서 서로 살리고 돕는 관계를 유지한다. 생명 시스템은 역동적 평형을 유지해 40억 년이 넘는 세월 동안 지구 생태계를 더욱 촘촘한 의미의 그물로 엮어 왔다.

생명 시스템 이론 구성

낡은 패러다임에 익숙한 사람들에게 시스템 사고의 진실을 설득하려면 조리 있게 글을 쓰는 것이 무척 중요하다. 카프라도 이 문제를 깊이 고민했던 것 같다. "[시스템 사고는] 현재의 전문적 훈련이나 관념의 한계를 초월하며, 나는 이것을 새로운 설정 아래에서 추구할 것이다. 현재로서는 이 새로운 모형의 형성을 뒷받침할 만한 온전한 기본 구조가 없다."(Capra, 1985: 250) 카프라의 저술들은 '이 새로운 모형'을 제작하고 다듬어 가는 과정에서 얻은 결실이다. 그때나 지금이나 전문가들과 학자들은 대개 서구의 전통인 분과 학문적 체계에서 훈련받는다. 그러나 생명에 관한 시스템 사고는 전혀 다른 지적 훈련을 요한다.

카프라에 따르면 현실은 우리가 생각하는 것보다 훨씬 복잡한 상호 의존과 상호 연동의 과정이다. 현실은 분리된 부분들의 집합과는 전혀 다른 공생의 그물로, 부분들이 함께 연동하는 과정이다. 그리고 그 과정에서 부분들이 창출되었다가 사라진다. 그러나 낡은 과학 패러다임은 이런 과정을 파편화하고 상호 연관을 배제한 채 부분에 한정된 분석에 의존했다. 즉 고립되고 닫힌 부분에 한정해 지식을 산출했다. 시스템은 어느 정도는 개방적이면서 어느 정도는 폐쇄적이다. 따라서 관찰자는 닫힘과 열림의 시스템이 띠는 양면성을 봐야 하며, 특히 관찰 대상 외부에서 작동하는 전체까지 볼 수 있어야 한다. 예를 들어 어떤 사회 문제를 관찰하려 할 때 그것을 부분적 또는 국지적 문제로 인식하는 것은 문제 해결의 올바른 접근법이 아니다. 더 큰 맥락에서 전체론적 또는 생태학적 비전을 통해 해결해야 하는 시스템적 문제로 간주해야 옳다. 즉 시스템 사고에서는 어떤 존재나 현상이 단독으로 시스템을 이해할 기준이 되지는 않는다. 오히려 전체를 봐야만 시스템의 정체를 이해할 수 있다. 시스템을 형성하는 모든 것이 각각의 적절한 의미에 따른 위상을 지닌다.

카프라는 물리학에서 발전한 구두끈 이론식 접근 방식을 취한다. 이는 상호 관련된 관념들과 모델들의 조직망을 점차적으로 만들어 가는 방식이다. 이 방식은 ≪전환점≫, ≪생명의 그물≫, ≪히든 커넥션≫ 등에서 두루 사용되었다. 카프라는 이를 통해 자연과학, 사회과학, 의학 등 다양한 영역의 이론들을 거대한 그물처럼 엮었다.

카프라는 생명에 관한 시스템 이론의 조직망을 구성할 때 다양한 이론들과 관념들을 동원한다. 자기조직화, 고도의 비평형, 개방된 시스템, 유동하는 균형, 고도의 안정성, 흩어지는 구조, 자기 갱신, 자연 부동(浮動), 역동적 평형의 상태와 항상성(homeostasis), 부적 피드백(negative feedback), 공생과 생태계 형성, 성층 질서, 홀론(holon), 복잡성, 생물권(biosphere), 가이아 가설, 진화의 시스템 이론, 구조를 결정하는 패턴 등이 그것이다. 이들 이론과 관념은 상호 연결되며 그물을 형성한다. 각기 다른 특별한 의미를 지닌 이론들·관념들로 이뤄진 전체 그물은 생명의 시스템이 작동하는 데 관여하는 다양한 원리들을 보여 준다.

더욱 주목할 만한 것은 시스템을 전체적으로 소개하기 위한 카프라의 전략이다. 카프라는 무기물과 유기체의 관계, 비생물과 생물의 관계, 지구 생물권과 인간 사회·문화의 관계, 정신과 신체의 관계 등 여러 상호 관계를 엮어 지구 전체의 현상을 생명 시스템으로 통합한다. 그리고 이들 관계가 하나의 연결망 아래 함께 작동하면서 패턴을 만들고 구조를 낳는다는 것을 보여 준다. 기존 패러다임에서 이들 관계는 서로 질적으로 전혀 다르며 각기 다른 차원에 있다고 여겨졌다. 그러나 시스템적 생명관에 따르면 이들 관계는 생태적 연결망 속에서 상호 의존하고 상호 연관되어 함께 연동하는 가운데 파생된 구조물들이다.

구두끈 전략

카프라가 시스템적 생명관을 소개하는 방법으로 택한 구두끈 이론이란 무엇일까? 이 이론을 소개하기에 앞서 카프라의 작업이 지닌 한계를 살펴볼 필요가 있다.

생태적 연결망을 관찰하는 카프라의 시스템적 생명관은 모든 현상, 즉 물질적·생물적·심리적·사회적·문화적 영역에 산재한 모든 것이 기본적으로 상호 연결되어 있고 상호 의존한다는 사실에 대한 깨달음에서 출발한다. 그런데 이 깨달음은 현재의 분과 학문 체제에서 이뤄지는 전문적 훈련이나 관념의 한계를 초월한다. 따라서 카프라가 접한 그 어떤 과학적 모형으로도 그것에 접근하기는 어려웠다. 적합한 과학적 모형이 없다는 것은 생명의 시스템과 그 안에서 카프라가 구축하고자 한 다영역 연결망(비생물과 생물, 생물권과 인간 사회·문화, 정신과 신체 등의 상호 연결망)을 뒷받침할 만한 과학적 설명 모형이 없음을 뜻했다. 물론 불교나 도가, 유교 등 동양 전통 사상에서 말하는 모델들이 그러한 설명 모형에 적실할지도 모른다. 그러나 그러한 사상들은 상대적 지식 혹은 근사적 지식에 해당하는 과학적 지식을 추구하는 데 관심을 보이지 않는다. 예컨대 바로 깨달음과 해탈로 직행해 버리는 불교의 과정은 카프라가 말하는 생태문해력의 취지와 맞지 않는다. 따라서 카프라는 일단 현대 과학의 맥락에서 성취된 이론들을 중심으로 시스템적 생명관을 엮어 패러다임의 상세 내용을 밝혀 간다.

그렇다면 카프라는 왜 제프리 추가 제안한 구두끈 이론을 선택했을까? 카프라는 알베르트 아인슈타인(Albert Einstein)의 상대성 이론, 보어와 하이젠베르크의 양자역학 해석이라는 양대 혁명적 업적과 더불어 제3의 혁명 단계를 연 이론으로 구두끈 이론을 꼽는다. 구두끈 이론에서 고전 물리학의 세계를 탈피하고 본격적으로 현대 물리학의 세계를 열 전환의 틀을 발견한 것이다. 구두끈 이론의 핵심은 사물의 기본 요소가 독립적으로 존재한다는 존재론적·기계론적 사고를 버리고 우주의 모든 것을 상호 연결된 역동적 사건들의 역동적 연결망으로 보는 데 있다. 그 연결망에 관찰자도 포함된다. 이에 따르면 모든 자연법칙은 사건이나 사물의 내부에 존재하는 자기 정합성을 그 본질로 한다. 카프라는 바로 이 점을 주의 깊게 참조한다.

구두끈 이론은 심리학과 정신의학에서도 패러다임 전환을 위한 전략적 방법으로 사용되었다. 카프라는 구두끈 전략에 대해 다음과 같이 회상한다.

그 모임[1976년 샌프란시스코에서 심리학 정신요법사 등과 진행한 회의]에 참석한 것은 유명한 정신과 의사를 만나 인간 정신에 대해 좀 더 많은 것을 배우려 했기 때문이고, 마음 한구석에는 스타니슬라프 그로프가 심리학 관련 조언자가 될 수 있지 않을까 하는 생각이 도사리고 있었다. 그날 저녁을 통틀어 펼쳐진 그로프의 매력적인 연구 결과 설명은 나의 기대를 훌쩍 넘어섰고, 내가 손대고 있던 바로 그 과제(서로 다른 학파들의 사상을 통합해 새로운 개념적 틀을 짜려는 과제)의 중요한 일부를 그 윤곽에 따라 선명히 그려 주었다. 그리고 내 연구 작업의 핵심을 이루고 있던 바로 그 철학, 즉 제프리 추의 구두끈 접근법을 그로프 역시 옹호하고 있었다. 이에 따른 자연스러운 귀결로 그로프가 나에게 이상적인 조언자라는 느낌이 들었고, 그를 좀 더 잘 알아야겠다는 생각이 간절했다.(Capra, 1989: 117-118)

그로프는 이른바 '구두끈 심리학'을 통해 카프라에게 '다양한 체계들을 통합해 인간 의식의 전 영역을 밝혀 주는 지도첩을 만들 수 있다'는 생각을 전했다.

카프라에 따르면 추의 구두끈 이론은 자연의 물질이 기본 건축 단위와 같은 기본적 실체로 환원될 수 없고, 전적으로 자기 일관성(self-consistency)을 통해 이해되어야 한다는 입장을 취한다. 카프라는 이 입장을 '구두끈 철학'이라고 부른다. 이 철학의 특징은 다음과 같다. 첫째, 물질이 기본 건축 단위라는 사상을 내던져 버리고, 더 나아가 그 어떤 기본적 실체(기본 상수, 법칙이나 방정식)도 일체 받아들이지 않는다. 둘째, 물질적 우주를 상호 연관된 사상(事象)들의 역동적인 거미줄로 보고, 이 거미줄의 어느 부분이든 그 성질이 기본적이지 않다고 여긴다. 모든 것은 다른 것들과의 상관관계에서 우러나오며, 그 상관관계의 전체적 일관성이 거미줄 전체의 구조를 결정한다. 여기서 일관성이란 정합성과 같은 것으로, 거미줄을 이루는 사상들이 각각 작동하는 가운데 서로 간에 균형과 조화를 유지하는 것을 말한다.

모든 것이 평등한 상호 관계 또는 상호 엮음에서 우주가 발생한다고 보는 구두끈 철학은 연기론을 말하는 불교철학과 유사성이 크다. 카프라는 논문 "구두끈 이론과 불교(Bootstrap and Buddhism)"에서 기반론자(fundamentalist)들과 구두끈론자(bootstrapper)들의 대조적 성격이 서양사상과 동양사상의 차이를 반영한다고 본다. 추와 다른 입장을 취한 하이젠베르크는 기본방정식(하이젠베르크의 세계 공식)으로 기본 입자들의 스펙트럼을 도출하려 했으나 성공하지 못했다. 여기서 하이젠베르크는 기반론적 입장을 취했던 것이다. 반면 추는 구두끈 이론으로 그 작업에 성공했다. 즉 추와 그 동료들은 물리적 쿼크의 존재를 가정할 필요가 없는 쿼크 모델을 정립하는 데 성공했다. 구두끈 이론은 정통 물리학과는 전혀 다른 연구 과정을 통해 정립되었고 나름 성과를 거두었다.

카프라에 따르면 물리학자들 대다수는 자신의 이론을 일거에 영원히 확정할 단 하나의 결정적 발견에 도달하려는 학자적 꿈을 지닌다. 그러나 추는 그들과 달리 어느 하나를 결정적 단서나 근본으로 삼지 않으면서 상호 연관된 개념망을 천천히 끈질기게 구축하는 작업에 도전했다. 카프라는 이러한 작업이 전개되면서 그물 조직의 초점이 점차 뚜렷해졌다고 설명한다. 카프라에 따르면 구두끈 방식의 연결 작업은 양자 이론의 기본 원리, 거시적 시공 개념과 인간의 의식을 아우른다. 이는 시간과 공간 개념, 독립적 물체 혹은 실재와 같은 고전적 개념 역시 처음부터 존재해 왔다고 가정할 수 없음을 뜻한다. 달리 말해 처음부터 정해진 것은 아무것도 없으며 우리가 아는 궁극적 실재나 개념은 우리가 우주의 연결된 현상들에서 구분해 끊어 낸 것이다. 이는 조지 스펜서브라운(George Spencer-Brown)이 ≪형식의 법칙(Laws of Form)≫에서 말하는 관찰, 구분, 지시 작용과 같다.

생명 시스템의 준거: 패턴, 구조, 과정

에르빈 슈뢰딩거(Erwin Schrödinger)의 저술 ≪생명이란 무엇인가(What is Life?)≫는 근본적 질문을 던진다. 이 질문은 세 가지에 관해 묻는다. 살아 있는 시스템의 구조, 조직의 패턴, 생명의 과정이 그것이다. 슈뢰딩거에게 구조, 패턴, 과정은 생명 개념의 3차원이다. 즉 생물학적 생명을 완전히 이해하려면 형태 또는 조직의 패턴(시스템의 본질적 특성을 결정하는 관계의 구성), 물질(시스템의 조직 패턴이 물리적·화학적 구조로 구현된 것), 과정(이러한 구현의 지속적 과정)이 통합적 관점에서 연구되어야 한다.

특히 카프라는 '과정'이 생명 시스템의 나머지 두 요건을 포괄하며, 이에 대한 답이 갖춰져야 생명이란 무엇인지 적절하게 해명할 수 있다고 주장한다. "과정이라는 기준은 내 종합의 개념적 틀을 완성한다. 세 가지 기준은 모두 완전히 상호 의존적이다. 조직의 패턴은 물리적 구조에 구현되는 경우에만 인식될 수 있으며, 살아 있는 시스템에서 이 구현은 지속적인 과정이다. 패턴, 구조, 과정이라는 세 가지 기준은 생명 현상에 대한 서로 다르지만 떼려야 뗄 수 없는 관점이라고 말할 수 있다."(Capra, 2004: 212-213) 카프라가 과정을 가장 포괄적인 기준으로 삼는 이유는 무엇보다 시스템 작용으로서 생명 현상에서 '과정'이 전체에 해당하기 때문이다. 전체적으로 생명이란 성장, 변화, 진화 그리고 항상성 유지의 역동적 과정인데, 이 과정 속에서 구조와 조직의 패턴이 자리 잡는다.

카프라는 생명을 다수준의 시스템적 연결망이 함께 역동적으로 상호 작용하는 과정이라고 본다. 따라서 수준마다 적절한 이론들을 구별해서 적용하려 한다. "살아 있는 세포를 소산 구조로 설명할 때는 에너지, 엔트로피, 화학 반응과 같은 물리학과 화학의 개념을 사용한다. 자기제작 시스템으로 설명할 때는 조직 패턴, 네트워크, 경계와 같은 위상학적 개념을 사용한다."(Capra, 2021: 268) 전자와 관련된 것은 프리고진의 소산 구조 이론 즉 자기조직화 원리에 대한 설명이며, 후자와 관련된 것은 산티아고학파의 자기제작 이론이다. 바로 이러한 과학적 이론들 혹은 지식들을 연결해 시스템을 말한다는 점이 카프라의 특징적 방식이다.

카프라의 시스템적 생명관에서 주목할 만한 또 다른 것은 모든 생명 활동이 곧 정신 활동이라는 시고다. 삶의 모든 수준에서 생명체의 조직 활동은 정신 활동이다. 따라서 생명과 인지는 떼려야 뗄 수 없는 관계에 있다. 모든 수준의 생명체에 마음(정신), 더 정확하게 말하자면 정신 활동이 내재되어 있다는 사고가 카프라의 시스템적 생명관 한가운데에 있다. 이 사고는 카프라가 베이트슨과 산티아고학파의 관점을 종합한 것이다. 특히 산티아고학파는 생명과정과 인지를 동일시한다. 그들의 관점에서 인지는 모든 수준의 삶과 연관되므로 의식보다 훨씬 광범한 현상이다.

이와 관련해 카프라가 생명을 이해할 때 고려하는 기본 가정을 살펴볼 필요가 있다. "생명의 생물학적·인지적·사회적 차원을 이해하기 위한 통합 개념적 프레임워크에 대한 나의 제안은 생명에는 근본적 통일성이 있으며, 서로 다른 생명 체계가 유사한 조직 패턴을 보인다는 가정에 기초한다."(Capra, 2021: 227)

참고문헌

Capra, F.(1974). Bootstrap and Buddhism. *American Journal of Physics, 42*(1), pp. 15-19.

Capra, F.(1982). *The Turning Point: Science, Society, and the Rising Culture*. Bantam Books. 이성범·구윤서 옮김(1985). ≪새로운 과학과 문명의 전환≫. 범양사.

Capra, F.(1988). *Uncommon Wisdom: Conversations with Remarkable People*. Simon & Schuster. 홍동선 옮김(1989). ≪탁월한 지혜: 비범한 인물들과의 대화≫. 범양사.

Capra, F.(1996). *The Web of Life: A New Scientific Understanding of Living Systems*. Anchor. 김용정·김동광 옮김(2004). ≪생명의 그물: 살아 있는 시스템들에 대한 새로운 과학적 이해≫(2판 3쇄). 범양사.

Capra, F.(2002). *The Hidden Connections: Integrating the Biological, Cognitive, and Social Dimensions of Life into a Science of Sustainability*. Doubleday.

Capra, F.(2021). *Patterns of Connection: Essential Essays from Five Decades*. University of New Mexico Press.

Spencer-Brown, G.(1969). *Laws of Form*. Allen & Unwin.

08
생명의 패턴과 은유의 인식론

카프라의 시스템적 생명관은 베이트슨의 정신 개념을 수용해 생명 시스템 전체의 통일성을 확보했다. 이 통일성은 자연계 혹은 생명 체계 어디에서나 발생하고 작동하는 생명 활동의 양상인 패턴이 지닌 유사성이다. 이 유사성은 생명 체계 내 전체가 상호 정향된 가운데 상호 연동하면서 내놓는 정신 활동이다. 패턴의 유사성은 은유로 자연을 읽게 한다.

생명의 그물에 동원된 모델들

카프라의 시스템적 생명관은 다양한 이론들을 하나의 그물 구조로 연결하면서 생명 시스템이 지닌 전체 상과 그 특징을 보여 준다. 기존에 개발된 이론이나 모델들을 연결해 이론의 연결망을 구성하는 카프라의 작업은 얼핏 보면 새로 창조하거나 개발한 것은 없는 것 같다. 하지만 이러한 연결망을 구축해 생명 시스템의 전체 상을 구성하고 그 특징을 종합한 것은 창조적 융합이자 시스템 사고의 진전으로 평가해야 마땅하다. 이로써 카프라는 기존 패러다임에 따른 세계 인식 혹은 실재 인식과는 전혀 다른 인식의 틀을 제안했다.

카프라는 생명 시스템 연결망에 다양한 모델들을 동원한다. 그 가운데 카프라가 베이트슨과 나눈 대화가 주목할 만하다. 카프라는 자신이 베이트슨을 만나면서 물리학에서 벗어났다고 고백한다. 카프라는 ≪물리학의 도≫에서 이미 기계론적 세계관을 극복할 방안을 강구했다. 이때 자연과학뿐 아니라 인문학이나 사회과학도 뉴턴 패러다임 혹은 데카르트 패러다임의 기계론적 세계관에 기반함을 알게 되었지만, 당시 카프라는 아직 시스템 사고에 접근하지 못했다. 단, 물리학에서 새로 개발된 프로그램(카프라는 이를 '신물리학'이라고 불렀다) 즉 상대성 이론, 양자론, 구두끈 이론의 개념적 틀을 다른 분야의 과학에 적용하면 기계론적 세계관을 극복할 수 있겠다고 생각한 적은 있다. 그러나 직후에 물리학 이론을 모든 과학의 기본 모델로 삼는 것이 부적절함을 깨달았다. 카프라의 이 깨달음은 시스템 사고에 대한 인지와 더불어 나타났다. 그 요점은 물리 현상을 일차적 실재이자 모든 연구의 기초로 간주하는 물리학적 관점에는 보편성 혹은 일반성이 없다는 점, 물리학이 다른 모든 학문이 분기해 나가는 줄기 역할을 한다는 데카르트식 관념에 근거가 없다는 점이었다. 카프라는 물리학보다 한층 더 일반적인 틀을 모색했고, 그 결과 시스템 사고로 이행했다. 이는 중요한 패러다임 전환이다.

베이트슨은 카프라가 물리학 중심의 세계관을 탈피하고 시스템적 생명관을 확립하는 데 결정적 영향을 미쳤다. 물리학 사고에서 시스템 사고로의 이행 과정은 수많은 전문가들의 영향을 받으면서 점진적으로 이루어졌는데, 그 과정에서 카프라의 시각을 변화시키는 데 큰 영향을 미친 인물이 베이트슨이다. 카프라는 베이트슨이 우리 시대의 가장 영향력 있는 인물이라고 생각했으며, 베이트슨의 사상이 뛰어난 독창성을 지녔다고 평가했다. 그 독창성은 어디서 나오는가? "그[베이트슨] 사상의 독창성은 그 광범한 배경과 일반성에서 우러나왔다. 분열과 과잉 전문화가 특징인 이 시대에 베이트슨은 패턴 뒤에 있는 패턴과 구조 아래에 있는 과정들을 추구하면서 몇 가지 분과 과학들의 기초 가설과 방법론에 도전했다. 모든 정의(定義)의 기초는 관계여야 하고 모든 현상에서 조직의 원리를 발견하는 것, 그의 말대로 '서로를 연결하는 패턴'을 발견하는 것이 자신의 으뜸가는 목표라고 선언했다."(Capra, 1989: 85) 이로써 베이트슨은 자연 전체를 상호 연관으로 보는 방법을 마련했다. 서로 연결하는 패턴이 더 근본적이라고 보는 사고는 곧 물리적 대상 중심 사고에서 관계 중심 사고로의 전환을 의미한다.

서로 연결하는 패턴에 입각한 사고는 생물 그리고 생명계를 이해하는 중요한 방법이다. 생명체들 사이에서 관찰되는 패턴의 유사성은 은유를 가능케 하고, 그 은유가 전체 생명계를 하나로 묶어 보는 것을 가능케 한다. 카프라는 세상을 관찰하고 이해하는 방법을 논리에서 은유로 바꾼다. 물리학은 대개 대상을 중심으로 연구하며 그 연구에 분석과 논리라는 방법을 적용한다. 카프라는 베이트슨과의 대화를 통해 아리스토텔레스 논리학이 세운 역리(逆理)의 틀에 갇히지 않고서 자연의 형성과 지속의 원리를 설명하고 이해할 수 있는 방법이 곧 패턴과 은유임을 확인했다. "인과의 둥근 사슬에 걸려들면, 논리학을 들이대다가는 역설(역리)에 빠져들게 마련이다."(Capra, 1989: 89) 이것이 베이트슨이 논리학을 부정하는 이유다. 역리란 거짓말쟁이의 역설과 같이 긍정하면 부정하게 되고, 부정하면 긍정하게 되는 자기모순을 말한다. 선형적 인과관계를 따지는 논리학은 참과 거짓을 명확하게 가릴 것을 요구하지만, 자연계의 실상이나 과정을 제대로 설명하지 못한다. 자연계에서는 인과의 연쇄가 환상(環狀. 고리 모양)이며 이 환상의 연쇄에 피드백이 작용해 선형적 인과의 논리로는 설명할 수 없는 복잡한 상호 관계가 나타나기 때문이다. 이 복잡한 상호 관계가 형성하는 과정과 특징은 패턴의 형상으로 포착된다. 그러한 패턴은 우주·자연에 공존하는 서로 이질적인 것들을 설명할 수 있게 해 준다.

정신(마음)의 새로운 개념

베이트슨은 1980년 7월 4일 카프라가 《전환점》을 저술하던 도중에 운명했다. 카프라는 베이트슨을 자신이 생명 시스템 사고를 확정하고 발전시키는 데 기초적 개념들을 제공한 학자로 기억한다. 그 개념들 중 하나가 정신이다.

생명 시스템에서 정신 혹은 마음이란 무엇일까? 베이트슨은 다방면에서 현대 과학 발전에 큰 영향을 끼쳤지만, 카프라는 특히 그의 새로운 정신 개념에 깊이 감명받고 그 개념을 수용해 시스템적 생명관을 구성했다. 카프라는 베이트슨을 통해 정신과 자연을 하나의 시스템으로 다룰 수 있는 시스템 사고의 틀이 있음을 깨달았다. 이는 물리학의 패러다임으로는 불가능했을 것이다. 물론 카프라가 정신 혹은 의식이라는 개념을 시스템 사고의 방식으로 다루게 된 배경에는 베이트슨 외에도 정신의학·심리학 방면에서 조언해 준 학자들이 있다. 그러나 카프라로 하여금 근본적 수준에서 정신을 자연의 생명 체계와 연관 짓게 한 것은 베이트슨의 영향이다.

카프라는 20세기에 정신에 관한 혁신적 개념을 제안한 인물로 베이트슨과 함께 마투라나를 꼽는다. 마투라나는 '생명의 본질은 무엇인가', '인지란 무엇인가'라는 두 가지 물음을 던졌고, 그의 제자 바렐라와 함께 첫째 질문에 '자기제작'(혹은 자기생성)이란 답을, 둘째 질문에 '인지에 대한 시스템 이론'(산티아고 이론)이란 답을 내놓았다. 마투라나와 바렐라는 철저한 생물학, 특히 신경과학적 관찰과 추론에 입각해 작업했고, 그 결과 정신과 물질의 이원적 세계관을 극복하는 과학 이론을 수립했다.

반면 베이트슨은 생물계에 대한 예리한 직관적 관찰을 통해 정신 과정의 기준을 수립했다. 카프라에 따르면 그 예리한 관찰은 일반적인 과학적 관찰과는 달랐고, 자연에서 통찰력을 끌어모으는 독특한 능력이었다. 베이트슨은 통찰력을 발휘해 이른바 '자연 언어'를 발견했다. 이 '자연 언어'란 자연의 복잡성 속에서 관찰되는 패턴화한 관계들을 말한다. 또한 베이트슨은 정신을 '살아 있음의 본질'로 규정했다. 이는 베이트슨이 생물계의 조직 행동(스스로 자신을 조직하는 행동)을 정신으로 봤음을 시사한다. 아울러 베이트슨은 정신 질환에 시스템적으로 접근하고 알코올 중독에 관한 사이버네틱스 모형을 수립해 정신 과정(mental process)을 시스템 현상으로 규정했다. 이처럼 베이트슨의 정신 개념은 자연 언어로서 시스템 그 어디에서나 나타나는 생명의 작동 방식을 말한다. 여기서 카프라는 중요한 사실을 지적한다. 베이트슨은 '생명이란 무엇인가'라는 질문을 제기하지 않았다. 이는 베이트슨이 생명 시스템에 대한 이론이나 모델의 필요성을 느끼지 못했고, 생명을 너무나도 당연한 것으로 간주했기 때문이다.

그렇다면 카프라는 베이트슨의 정신에 관한 견해 중 어떤 것을 중시할까? 카프라에 따르면 "베이트슨은 정신을 살아 있는 유기체와 사회와 생태계의 특징인 시스템 현상으로 정의할 것을 제안했고, 정신이 생겨나기 위해 시스템이 충족해야 할 일련의 기준을 열거했다"(Capra, 1985: 275). 즉 베이트슨은 개별 유기체를 비롯한 사회, 생태계에 두루 작용하는 시스템 현상이 정신이라고 이해했다. 이러한 정신을 베이트슨은 "어느 정도 복잡성에 도달하면 필수 불가결하게 되는 것으로, 유기체나 뇌나 고등 신경 조직을 발전시키는 것보다 훨씬 앞서 시작되는 것"(Capra, 1985: 275)으로 정의했다. 정신이 살아 있음의 본질이라는 베이트슨의 규정에 따르면 모든 살아 있는 유기체와 이들로 구성된 집단은 정신을 지니거나 보여 준다. 이로써 '신이 인간에게만 부여한 실체로서 정신'(생각하는 능력, 즉 이성)이라는 데카르트의 관념은 부정된다.

카프라는 베이트슨의 이러한 견해를 어떻게 이해했을까? 카프라에 따르면 베이트슨의 시스템적 견해는 생명이 실체도 아니고 힘도 아니며, 정신은 물질과 상호 작용하는 실체가 아니라고 본다. 생명과 정신 둘 다 자기조직의 역동성을 나타내는 일련의 과정들과 동일한, 일련의 시스템적 성질들의 발현으로 여긴다. 이러한 개념 규정은 정신이 인간에게만 있다고 보는 재래식 언어 표현과 잘 맞지 않는다. 따라서 카프라는 매우 복잡한 유기체에 한해 '정신(mind)'이란 용어를 쓰고, 낮은 수준의 자기조직이 띠는 역동성을 기술할 때는 정신적 활동을 의미하는 '정신 작용(mentation)'이란 용어를 사용한다. 이렇게 구분해도 동일한 성질의 (정신) 작용은 시스템의 어느 층위에서나 나타난다.

정신에 대한 시스템적 관점에 따르면 정신 작용은 개별 유기체의 특징일 뿐 아니라 사회적·생태적 시스템의 특징이기도 하다. 따라서 베이트슨이 강조한 정신은 유기체의 신체에 내재할 뿐 아니라 신체 밖의 통로와 메시지에도 내재한다. 이에 따라 카프라는 개개의 정신이 그 하부 조직에 불과한 더 큰 정신의 현시가 있다고 이해한다. 이 더 큰 정신은 사회 혹은 생태계의 정신이다. 카프라는 "우리가 더 큰 시스템으로부터 그곳에 내재한 정신의 현상을 분리해 개별 인간에게만 한정한다면, 우리는 환경(자연)에 정신이 없다고 볼 것이며 그것을 착취할 것"(Capra, 1985: 276)이라고 말한다. 이는 베이트슨의 이해를 따라 환경이 살아 있을 뿐 아니라 우리 인간처럼 정신을 간직하고 있다고 보는 견해와 상통한다.

그 견해에 따르면 세계는 전체가 생명으로서 작용하는 시스템이고, 이 시스템은 성층적 또는 다수준의 질서를 형성한다. 그렇다면 마음 역시 성층적 질서에 의해 다양한 수준들로 표출된다. 카프라는 다음과 같이 설명한다. 예를 들어 유기체 안에는 세포·조직·기관과 관련된 '신진대사'의 정신 작용이 있는데, 그 자체는 인간의 진화 과정에서 각각 다른 단계에 대응하는 여러 수준으로 구성되어 있다. 우리는 이러한 정신 작용들 전체를 통틀어 인간의 정신 또는 마음이라고 부른다. 그러므로 우리의 정신은 사람이라는 생명체의 다층적 수준에서 작동하는 시스템의 매우 복잡하고 복합적인 양상이다. 실제로 인간은 감각뿐 아니라 감정, 그 감정에 응하는 태도도 다양하고 수시로 변화한다. 카프라에 따르면 우리가 통상적 의식 상태에서 부분적으로만 깨닫고 있는 이 정신의 다수준 현상은 이미 동양 문화에서 널리 인정되어 왔지만, 서구에서는 근래에 들어 일부 심리학자들에 의해 연구되고 있다.

베이트슨의 철학적 영향

카프라는 베이트슨의 또 다른 중요 사상으로 자연 구조와 정신 구조는 상대방의 반영이며, 정신과 자연은 필연적으로 통일을 이룬다는 주장을 꼽는다. 자연과 정신이 상대방을 반영한다는 사고는 곧 은유가 자연의 언어임을 시사한다. 은유는 구조적 유사성, 나아가 조직의 유사성, 유사한 패턴을 발견하는 데서 나온다. 카프라는 이에 대해 다음과 같이 말한다.

> 자연의 성층적 질서 안에서 인간 개인의 마음은 사회적·생태적 시스템의 더 큰 마음 안에 들어 있으며, 그것들은 지구의 정신 시스템[가이아(Gaia)의 마음]에 통합되고, 그것은 다시 어떤 종류의 우주적 마음에 참여해야 할 것이다. 이 새로운 시스템적 접근의 개념 구조는 우주적 마음을 종래의 신관념과 연관 짓는다 해도 하등의 제한을 받지 않는다. 에리히 얀치[Erich Jantsch. 프리고진의 제자이자 시스템 이론가]에 따르면 "신은 창조자가 아니라 우주의 마음"이다. 이 견해에서 신은 남성도 여성도 아니며 어떠한 인간의 형태로 현신하는 것도 아니고, 자기조직의 전 우주의 역동성을 표현하는 것에 불과하다.(Capra, 1985: 277)

또 다른 데서 카프라는 다음과 같이 기술한다.

> '물리학 사고(physics thinking)'에서 체계 사고(system thinking)로 이행하는 내 사상의 중요한 변화는 점진적으로 그리고 수많은 영향의 결과로 일어났다. 그러나 내가 나의 관점 또는 시각을 변화시킨 데에는 그 무엇보다도 한 개인, 그레

고리 베이트슨의 영향이 컸다. 우리가 만난 직후에, 베이트슨은 우리 모두의 친구였던 어느 사람에게 농담 삼아 이런 말을 했다. "카프라? 이 사람 미쳤다고! 그는 우리 모두를 전자라고 생각하고 있어요." 처음에 이 말을 듣고 나는 아찔한 충격을 느꼈고, 뒤이어 2년에 걸쳐 베이트슨과 접촉하는 동안 나의 사고방식에는 심오한 변화가 일어났으며, 근본적으로 새로운 자연관의 핵심 요소가 여기서 우러나왔다. 나는 그것을 '시스템적 생명관(the systems view of life)'으로 부르게 되었다.(Capra, 1989: 85)

참고문헌

Capra, F.(1975). *The Tao of Physics: An Exploration of the Parallels Between Modern Physics and Eastern Mysticism.* Shambhala.

Capra, F.(1982). *The Turning Point: Science, Society, and the Rising Culture.* Bantam Books. 이성범·구윤서 옮김(1985). ≪새로운 과학과 문명의 전환≫. 범양사.

Capra, F.(1988). *Uncommon Wisdom: Conversations with Remarkable People.* Simon & Schuster. 홍동선 옮김(1989). ≪탁월한 지혜: 비범한 인물들과의 대화≫. 범양사.

Capra, F.(1996). *The Web of Life: A New Scientific Understanding of Living Systems.* Anchor.

09
생명의 본성과 자기제작

네트워크 패턴, 에너지 흐름 그리고 영양 순환에 대한 통찰은 생명에 대한 새로운 과학적 개념에 필수적이다. 과학자들은 이들 개념을 복잡한 기술 언어로 공식화했다. 그것들은 각각 '자기제작적 네트워크', '소산 구조' 그리고 '촉매 주기'에 대한 설명이다. 그러나 이들 전문 용어로 설명되는 기본 현상은 생명의 그물, 에너지의 흐름, 자연의 순환이다.

조직 패턴으로서 자기제작

카프라의 생명 시스템 사고에서 화룡점정에 해당하는 것은 자기제작 원리다. 칠레 산티아고대학교의 신경생물학자 마투라나와 바렐라가 창안한 자기제작 원리는 모든 생명 현상의 본질을 보여 주면서 비생물과 생물의 차이를 명확히 하는 이론이다. 이 이론을 만나면서 카프라의 생명 시스템 이론은 완성 단계에 이르렀다. 그 원리가 생명 시스템의 정체성을 분명히 했을 뿐 아니라 시스템 이론 전체의 일관성을 확보할 수 있게 했다.

카프라는 ≪생명의 그물≫에서 자기제작 원리의 탄생 과정과 그 의의를 설명한다. 20세기에 개발된 혁신적 이론들을 섭렵하고 구두끈 방식으로 연결해 생명 시스템 이론을 구성할 때, 물리학·화학 분야에서 개발된 자기조직화 이론만으로는 충분하지 않았던 것이다. 카프라에 따르면 자기조직화는 생명 현상을 설명하는 필요조건이지만 충분조건은 아니다. 자기조직화와 관련해 카프라가 살핀 이론으로는 프리고진의 소산 구조 이론, 생화학자 만프레트 아이겐(Manfred Eigen)의 초사이클 이론, 헤르만 하켄(Hermann Haken)의 레이저 이론 등이 있다. 이들 이론은 자기조직화와 관련된 핵심 개념들을 공유한다. 평형과 거리가 먼 시스템의 상태, 양의 피드백 루프를 통한 증폭 과정의 전개 그리고 새로운 형태의 조직 창조로 이어지는 불안정성의 등장 등이 그것이다. 아이겐이 연구한 초사이클은 자기조직하고 자기복제하며 진화까지 하지만 그렇다고 그것이 살아 있다고 말할 수는 없다.

카프라는 다음과 같은 질문을 던진다. 그렇다면 생물 시스템과 무생물 시스템을 분명하게 구분할 수 있게 하는 것은 무엇인가? 자기조직과 생명은 정확히 어떤 연관성을 띠는가? 베이트슨은 생명의 특성에 대해 질문을 던지지 않았다. 반면 마투라나는 그에 대한 답을 찾는다. 마투라나는 사이버네틱스에 큰 영향을 받은 신경과학자다. 6년 동안 영국과 미국 등지에서 생물학을 연구한 후 1960년에 산티아고대학교로 돌아와 신경과학 분야에서 색 지각 과정을 연구했다. 카프라는 마투라나가 생명의 본성을 연구하며 스스로에게 던진 질문을 두 가지로 정리한다. '생물의 조직이란 무엇인가?', '지각이라는 현상에서 도대체 어떤 일이 일어나는가?' 전자는 유기체론적 생물학자들이 생물학적 형태의 본성을 추구하는 것과 관련되고, 후자는 사이버네틱스 학자들이 정신의 본질을 이해하려고 노력하는 것과 관련된다. 마투라나는 이 질문들에 대한 답을 구하는 데 거의 10년을 바친 끝에 두 가지 질문에 공통적인 답을 찾아

냈다. 그 답은 '생명의 조직'에 대한 이해에 바탕을 두며, 카프라의 의문을 해결했다.

마투라나는 신경 시스템의 순환 조직(circular organization)이 모든 살아 있는 시스템의 기본 조직이라는 가설을 세웠다. 순환 조직은 폐쇄된 조직이다. 이는 생명체가 스스로 경계를 설정해 자신과 환경을 구분하는 것이 필연적 현상임을 시사한다. 이 가설을 통해 마투라나는 다음과 같은 답을 얻었다. "살아 있는 시스템들은 … 닫힌 인과적 순환 과정으로 조직되어 있고, 이러한 과정은 순환성이 유지되는 한 진화적 변화를 허용한다. 그러나 순환성 자체의 상실은 결코 허용되지 않는다."(Capra, 2004: 134-135) 조직이란 여러 요소들을 연결해 하나의 전체로 엮는 작용이다. 순환 과정으로 조직되어 있다는 것은 생명체의 구성 요소들이 고리 모양을 한(원환적) 인과관계의 과정으로 연결되며, 이를 통해 정적(positive) 피드백과 부적(negative) 피드백이 함께 작용해 모종의 방향성을 취하면서 지속되는 (생명) 작용이 이루어짐을 뜻한다. 유기체의 시스템 속 모든 변화는 이러한 순환성을 벗어나지 않는다. 따라서 순환 과정에 관여하도록 조직되는 구체적 요소들 또한 그 조직 작용에 의해 생성되고 유지되어야 한다. 이것이 마투라나의 새로운 발견이다. 즉 마투라나는 생명체가 순환 조직을 통해 스스로 자기를 구성하는 작용을 한다는 사실을 확증했다.

신경계의 순환적 폐쇄성에서 이끌어 낸 또 다른 결론은 인지에 대한 새로운 급진적 이해로 귀결했다. 그 결론이란 다음과 같다. 신경 시스템은 자기조직적일 뿐 아니라 지속적으로 자기지시를 한다. 따라서 지각은 외부의 실재를 표상하지 않으며, 오히려 신경계의 순환 조직 과정을 통해 어떤 실재를 확정한다. 여기서 중요하고 혁신적인 인지 개념이 자리 잡는다. 즉 표상주의적 세계관 혹은 실재관이 배제되고 구성주의적 세계관이 부상했다. 이런 전제에 기초해 마투라나는 순환적인 조직 과정이 (신경 시스템을 포함하든 그러지 않든 간에) 인지 과정과 동일하다고 가정함으로써 급진적인 한 걸음을 떼었다. “살아 있는 시스템은 인지 시스템이다. 그리고 그 과정으로서 생명은 인지 과정이다. 이러한 명제는 신경 시스템을 가지고 있든 그러지 않든 간에, 모든 유기체에 대해 타당하다.”(Capra, 2004: 135) 인지를 생명 과정 자체와 동일시하는 것은 실로 급진적인 새로운 개념이다.

카프라는 산티아고 이론에서 앎의 과정인 인지를 생명과 동일시하는 것과 베이트슨의 정신 개념이 동일하다고 보면서도 베이트슨 이론의 오류를 지적한다. ≪생명의 그물≫ 부록에서 베이트슨이 제시한 정신 과정의 여섯 가지 기준들 가운데 의사소통 관련 기준에 대한 카프라의 비판을 살펴보자. 베이트슨은 유기체들이 서로 의사소통하며 교환하는 정보가 메시지를 구성할 뿐 아니라 암호화에 대한 메시지, 즉 메타메시지(meta-message)를 구성한다고 본다. 또한 메타메시지에 대한 메시지로 나아가는 계(系)의 확장 혹은 중층화를 생각한다. 이로써 베이트슨은 유기체가 주고받는 메시지들에 '논리적 유형들의 계층'이 존재한다는 기준을 세웠다. 그러나 산티아고 이론은 의사소통에 메시지나 정보는 포함되지 않으며, 그 대신 '의사소통에 대한 의사소통'이 포함된다고 본다. 이 관점은 베이트슨이 말하는 논리적 유형들의 계층을 포괄하지만, 정보나 메시지의 소통은 부정한다. 더욱 중요한 것은 산티아고 이론이 이 논리적 유형들의 계층을 유기체의 인지 현상이 띠는 일반적 특성이 아니라 사람의 언어와 자기인식에서 창발하는 것으로 본다는 점이다. 카프라는 베이트슨이 이를 보지 못했다는 점에서 그의 이론이 오류를 범했다고 주장한다.

카프라는 산티아고 이론에서 말하는 인지가 곧 생명 과정이라는 관점을 바탕으로 ≪생명의 그물≫의 서술 방향을 설정하고 귀결을 이끌어 낸다.

자기제작

1970년 마투라나는 제자 바렐라와 공동 연구를 시작한다. 바렐라는 마투라나에게 순환적 조직 개념을 더욱 형식적이고 완전하게 기술할 방법을 찾자고 제안했다. 두 사람이 택한 방법은 수학적 모형 구축이었다. 그 전에 그들은 마투라나의 사상을 완전하게 언어적으로 기술하기 위한 개념화 작업에 착수했고, 그 결과 'autopoiesis'라는 새로운 용어를 창안했다. 카프라의 번역에 따르면 여기서 'auto'는 '자기(self)', 즉 자기조직하는 시스템의 자발성을 가리킨다. '시(poetry)'를 의미하는 그리스어에서 유래한 'poiesis'는 '제작(making)'을 가리킨다. 즉 'autopoiesis'는 자기제작을 뜻한다.

이 개념이 중요한 이유는 '조직'의 의미를 명확하게 다루면서 생명체의 본성을 정의하기 때문이다. 물리적 구성요소들 덕에 생명제가 존재할 수 있다. 그런데 그 요소들이 어떤 방식으로 엮여 그들 사이에 일정한 순환 작용이 발생하고 그 작용이 유지되는가? 그 답은 관계를 조직하는 작용에 있다. 그렇다면 그 관계를 조직하는 작용은 누가 하는가? 이 역시 생명체에 대한 설명에서 매우 중요한 질문이다. 마투라나와 바렐라는 이러한 관점으로 접근하면서 기존의 목적론적 관점, 생기론적 관점 등을 배제한다. 자기제작 개념으로 철저히 생명체 자체의 조직 작용에 초점을 맞춰, 생명체가 스스로 자신의 구성 요소들에 관계를 부여하고 작동시키며 그 작동을 통해 창발적 변화(성장, 노쇠)로 나아간다는 점을 밝힌다. 마투라나와 바렐라는 '살아 있는 조직'에 관심을 두며, '구성 요소의 특성이 아니라 구성 요소들을 통해 실현되는 과정들과 그 과정들 사이의 관계'를 다룬다.

기존 시스템 사고는 '조직'과 '구조'의 차이를 함축할 뿐 설명하지 않았다. 마투라나와 바렐라가 비로소 그 차이를 분명하게 드러낸 것이다. 그들은 살아 있는 시스템의 조직이란 그 시스템을 특정 집단(박테리아, 해바라기, 인간의 뇌 등)에 속한 것으로 특징짓는 구성 요소들 간 일련의 관계라고 정의한다. 그 조직에 대한 기술은 관계들에 대한 추상적 기술이며, 그 구성 요소와 일치하지 않는다. 마투라나와 바렐라는 자기제작이 모든 살아 있는 시스템에 공통되며, 그 구성 요소들의 본질이 무엇이든 상관없이 일반적인 조직 패턴이라고 가정했다.

카프라는 이를 다음과 같이 설명한다.

자신들의 관심사가 구조가 아니라 조직임을 분명히 하면서,

저자들[마투라나와 바렐라]은 자기제작을 모든 살아 있는 시스템에 공통적인 조직으로 정의했다. 그것은 생산 과정들의 연결망이고, 그 속에서 각 구성 요소의 기능은 연결망에 속하는 다른 구성 요소들의 생산과 변환에 가담한다. 이런 식으로 전체 연결망은 지속적으로 '자신을 스스로 제작한다'. 이런 식으로 구성 요소들이 연결망을 제작하고, 다시 연결망이 구성 요소들을 제작한다. 저자들은 '살아 있는 시스템에서 그 작동의 산물은 그 자체의 조직이다'라고 설명했다.(Capra, 2004: 137-138)

카프라에 따르면 이 자기제작적 조직은 생명 유기체 연결망의 동작 영역을 구체적으로 획정하고, 그 시스템을 한 단위로 규정하는 경계의 창조를 포함한다. 즉 연결망 작동의 영역 구획과 자기 시스템의 경계 창조가 자기제작을 특징짓는다. 이것이 생물과 비생물의 차이다. 예를 들면 세포의 자기제작은 세포막을 형성해 자신과 외부를 분리한다.

또 하나 중요한 점은 카프라가 자기제작을 살아 있는 시스템들의 조직을 특징짓기 위한 필요충분조건으로 수용했다는 사실이다. 카프라의 관점에서 살아 있는 시스템을 설명하려면 구성 요소들의 특성과 그것들 간 물리적 상호작용을 이해해야 하고, 그러려면 물리학과 화학의 언어를 이용해 그 시스템의 구조를 기술한 내용이 그 조직에 대한 추상적 기술에 반드시 추가되어야 한다. 자기제작 원리는 구성 요소들의 물리적 구성에 대한 어떠한 정보도 포함하지 않는다. 따라서 구조지향적 모형들과 충돌하지 않으면서 그것들을 자기제작하는 모형으로 통합할 수 있고, 조직지향적 모형을 살아 있는 시스템들에 대한 일관된 이론으로 통합할 수 있다. 이러한 맥락에서 카프라는 자신의 생명 시스템 이론이 자기제작 이론 덕에 성취될 수 있었다고 말한다.

생명 시스템은 인지 시스템

자기제작이라는 조직 패턴에 기초하면 생명이 보이는 여러 작용들, 성장과 발생 그리고 진화 등을 설명할 수 있다. 이러한 설명은 생명의 '과정'에 대한 설명과 긴밀하게 관련된다. 살아 있는 유기체 속에서는 물질이 끊임없이 흐른다. 각각의 세포는 무수한 구조를 종합하고 해체하며 노폐물을 몸 밖으로 배출한다. 그 세포들을 포괄하는 시스템으로서 조직과 기관은 연속적 주기로 세포들을 교체한다. 아울러 살아 있는 시스템에는 성장, 발생 그리고 진화가 존재한다. 생물학에서 생물의 발생 초기부터 살아 있는 구조에 대한 이해는 신진대사나 발생 과정에 대한 이해와 분리되지 않는다. 따라서 카프라는 살아 있는 시스템의 특성과 생명의 본질을 포괄적으로 기술하기 위한 기준으로 조직, 구조 그리고 과정을 꼽는다. 카프라에 따르면 생명은 본질적으로 과정이다. 그 과정은 조직 패턴의 지속적 구현 속에 포함되어 있다.

자기제작 원리가 이러한 조직 문제를 명쾌하게 해명해 준 덕에 카프라의 생명 시스템 이론은 설득력을 갖추게 되었다. 이로써 카프라는 생명 시스템의 세 가지 핵심 기준을 정립한다. 그 기준은 다음과 같다.

① 조직 패턴: 시스템의 본질적 특성을 결정하는 관계들의 구성
② 구조: 시스템 조직 패턴의 물리적 구현
③ 생명 과정: 시스템 조직 패턴의 지속적 구현 속에 포함된 활동

카프라는 이들 기준을 바탕으로 여러 학자의 이론을 자신의 시스템적 생명관으로 종합한다. 예컨대 마투라나와 바렐라가 정의한 자기제작은 생명의 패턴 즉 살아 있는 시

스템의 ① 조직 패턴으로, 프리고진이 제시한 소산 구조는 살아 있는 시스템의 ② 구조로, 베이트슨이 처음 정의하고 마투라나와 바렐라가 좀 더 분명하게 한 인지는 ③ 생명 과정으로 이해할 수 있다.

카프라에 따르면 조직 패턴은 유기체의 본질적 특성뿐 아니라 시스템이 생물인지 비생물인지도 결정한다. 결국 자기제작은 생명의 결정적 특징이다. 즉 어떤 것이 생물인지 비생물인지 구분하려면 그것이 자기제작하는 연결망의 패턴인지 살피면 된다. 또한 생명 과정으로서 인지는 자기제작과 연결된다. 달리 말해 자기제작과 인지는 생명이라는 동일한 현상의 두 가지 다른 측면이다. 이에 따라 카프라는 모든 살아 있는 시스템이 인지 시스템이며, 인지는 항상 자기제작 연결망의 존재를 함축한다고 주장한다.

참고문헌

Capra, F.(1996). *The Web of Life: A New Scientific Understanding of Living Systems*. Anchor. 김용정·김동광 옮김(2004). ≪생명의 그물: 살아 있는 시스템들에 대한 새로운 과학적 이해≫(2판 3쇄). 범양사.

Capra, F. & Luisi, P. L.(2014). *The Systems View of Life: A Unifying Vision*. Cambridge University Press.

Maturana, H. R. & Varela, F. J.(1980). *Autopoiesis and Cognition*. D. Reidel Publishing Company.

Maturana, H. R. & Varela, F. J.(1992). *The Tree of Knowledge*. Shambhala.

10
생태 원리와 생태문해력

생명 시스템 이론은 생태적 공동체와 인간 공동체를 연결하기 위한 개념적 틀을 제공한다. 두 공동체 모두 동일한 기본적 조직 원리를 지닌 살아 있는 시스템이다. 이들은 조직적으로는 닫혀 있지만, 에너지와 자원의 흐름 면에서는 열린 연결망이다. 이 연결망은 생명의 과정에 내재한 인지적 차원들 덕에 지적이다. 지적 연결망이 곧 생명 시스템이다.

생명의 전개에 대한 새로운 이해: 공진화

≪생명의 그물≫ 10장 "생명의 전개"에서 카프라는 살아 있는 시스템들에 대한 창발 이론이 띠는 가장 주목할 만한 특징으로 진화에 대한 새로운 이해를 꼽는다. 그 이론은 기존 진화론과 마찬가지로 임의적 돌연변이를 강조하고 진화를 자연선택의 결과로 본다. 단, 생명의 창조적 전개 과정은 모든 살아 있는 시스템의 고유한 특징이며 다양성과 복잡성이 끊임없이 증가하는 형식이라고 이해한다. 이는 진화론의 관점이 생명의 진화 과정이 띠는 창조성을 인정하는 쪽으로 변화하고 있음을 시사한다. 창조성이란 끊임없이 새로움에 도달하려는 생물의 움직임을 뜻한다. 카프라는 이 창조성을 생명 시스템 이론의 핵심으로 삼는다.

진화론은 생물의 창발을 인정하는 이론이다. 창발이란 이전에 없던 새로운 성질이 발현하는 현상이다. 창발을 통해 이전과는 다른 차원의 작용과 삶이 전개된다. 진화론의 역사는 장바티스트 라마르크(Jean-Baptiste Lamarck)에게서 출발해 찰스 다윈(Charles Darwin), 그레고어 멘델(Gregor Mendel) 등을 거쳐 신다윈주의(neo-Darwinism)라고 불리는 종합에 이른 상태다. 신다윈주의는 점진적 진화에 관한 다윈의 사상과 유전적 안정성에 대한 멘델의 발견을 결합했다. 카프라는 신다윈주의의 관점을 다음과 같이 요약한다. 모든 진화적 변이는 자연선택에 뒤따르는 임의적 돌연변이에 의해, 즉 임의적·유전적 변화에 의해 발생한다. 유전학자 자크 모노(Jacques Monod)가 이를 잘 표현했다. "오직 우연만이 모든 혁신의 근원이며, 생물권에서 일어나는 모든 창조의 근원이다."(Capra, 2004: 295)

그러나 카프라는 린 마굴리스를 통해 신다윈주의를 비판·반박하고, 시스템적 관점에 입각한 진화 개념을 소개한다. 카프라가 소개하는 마굴리스의 비판은 크게 두 가지로 요약된다. 첫째, 신다윈주의자들은 생명의 언어가 화학임을 간과하며 미생물학, 세포생물학, 생화학, 미생물 생태학 등 진화와 연관된 지식을 결여한다. 둘째, 동물학적 전통에서 나온 신다윈주의의 진화관은 동물이 자연의 무대에 등장하기 훨씬 전에 등장해 오랜 기간 존속한 미생물의 창조성을 연구하지 않았다. 이에 더해 카프라는 시스템적 관점에 입각해 신다윈주의가 중시하는 생물의 유전적 총체, 즉 게놈이라는 환원주의적 개념을 비판한다. 신다윈주의와 달리 최근 생물학은 생물의 게놈을 높은 밀집도로 짜인 연결망으로 이해하고 그것을 시스템적 관점에서 연구한다. 시스템적 관점에서 보면 게놈은 자기조직하는 연결망이다.

아울러 마투라나와 바렐라는 생물종의 역사를 구조적 결합(연결)의 역사로 보면서 진화 과정을 자기제작 이론으로 기술했다. 이러한 기술은 생물계 전체에 걸쳐 일어나는 진화가 환경에 대한 생물의 적응에만 국한되지 않는다는 데 근거한다. 그 환경 자체가 적응할 수 있고 창조할 수 있는 살아 있는 시스템들의 연결망에 의해 형성되기 때문이다. 카프라에 따르면 자연의 모든 것(환경도 여기 포함된다)이 서로에게 적응한다. 그것이 바로 공진화(coevolve)다. 여기서 카프라는 제임스 러브록(James Lovelock)의 말을 인용한다. "생물의 진화는 그 환경의 진화와 너무도 밀접하게 연결되어 있기 때문에, 그것들(생물과 환경)은 단일한 진화 과정을 구성하고 있다."(Capra, 2004: 299) 이어 카프라는 진화가 아니라 '공진화'가 생명의 전개를 이해하는 데 적합하다고 결론짓는다. 카프라의 정의에 따르면 공진화는 경쟁과 협동, 창조와 상호 적응이라는 교묘한 상호작용을 통해 계속되는 춤이다.

창조성과 지속 가능성

현재 카프라의 활동은 인류의 생태문해력을 높이는 작업

에 초점을 맞추고 있다. 생태문해력이란 인간과 자연이 어떻게 연결되어 있는지 이해하고, 생태계의 원리를 인식하며 지속 가능한 삶을 실천할 수 있는 능력을 말한다. 카프라가 설립한 생태문해력센터는 사람들에게 지속 가능한 생활을 교육하는 곳이다. 카프라는 왜 생태문해력이 필요하다고 여기는 것일까? 그 이유는 카프라의 새로운 생명 시스템 사고 그리고 생명의 공진화 사상과 깊은 연관이 있다. 카프라가 생태문해력을 통해 확보하려 하는 것은 다름 아닌 지속 가능성이다. 카프라는 지속 가능성을 개인의 자산이 아니라 전체 생태적 연결망 혹은 관계망의 자산으로 간주한다.

카프라는 진화를 지속하는 힘이 창조성에서 나온다고 본다. 즉 진화의 구동력이 임의적 돌연변이 같은 우연한 사건들이 아니라 새로움을 창조하려는 생명의 고유한 경향 그리고 복잡성과 질서가 자발적으로 증가하는 창발성 속에 있다고 설명한다. 이어 카프라는 진화의 창조성이 어떻게 자신을 표현하는지 묻는다. 그 답을 분자생물학이 아니라 미생물학에서 밝혀진 진화의 세 가지 주요 경로에서 찾는다. 첫째는 신다윈주의 이론의 핵심인 유전자의 임의적 돌연변이로, 세 경로 중 가장 중요도가 낮다. 낮은 빈도의 돌연변이로는 생물 형태의 엄청나게 다양한 진화를 온전히 설명하기 어렵다. 둘째는 현대 생물학의 놀라운 발견 중 하나인 유전자의 전 지구적 교환[전문적으로는 DNA의 재조합(DNA recombination)]으로, 임의적 돌연변이보다 더 효율적인 진화 경로다. 이 경로는 박테리아가 강력하고 효율적인 전 지구적 교환 연결망 속에서 자유롭게 다른 개체에 유전적 특성을 전달하는 현상에서 발견되었다. 캐나다의 박테리아 학자 소린 소니아(Sorin Sonea)에 따르면 박테리아는 단세포 유기체가 아니라 환경에 따라 각기 다른 키메라에 속하는 불완전한 세포다. 카프라는 이를 근거로 모든 박테리아가 각각 축소판 생명의 그물을 이룬다고 본다. 즉 박테리아 관련 현상을 보고 유전자의 전 지구적 교환이라는 진화 메커니즘을 정의했다.

마지막 경로는 바로 공생이다. 카프라는 미생물학자 마굴리스의 공생기원설(symbiogenesis)을 근거로 든다. 이 이론은 항구적인 공생적 배열을 통한 새로운 생물 형태의 창조를 모든 고등생물의 주된 진화 경로로 간주한다. 즉 큰 세포 속에서 살아가는 박테리아와 그 밖의 미생물들을 아우르는 장기간의 공생이 새로운 생물 형태를 만들었고, 지금도 만들고 있다고 본다. 카프라는 공생의 가장 놀라운 증거로 미토콘드리아의 사례를 든다. 마굴리스에 따르면 미토콘드리아는 원래 자유롭게 떠도는 박테리아였고, 아득한 과거에 다른 미생물 속으로 침입해 그 속에서 항구적인 자리를 차지한 것으로 추측된다. 카프라는 마굴리스를 인용해 다음과 같이 설명한다. "이렇게 합쳐진 생물들은 산소를 호흡하는 좀 더 복잡한 생물 형태로 진화했다. 따라서 이것은 돌연변이보다 더 갑작스러운 진화적 메커니즘이다. 그 메커니즘이란 항구적이 된 공생적 결연동맹(alliance)이다."(Capra, 2004: 304)

카프라는 공생기원설이 진화에 관한 이론과 사상에 혁신을 불러일으켰다고 말한다. 기존 진화 이론이 생명의 전개 과정을 종과 종 사이의 연결과 분기를 중심으로 고찰했다면, 마굴리스는 유기체들의 공생을 통해 새로운 구성물이 형성되는 것을 좀 더 강력하고 중요한 진화의 구동력으로 봤다. 이로써 생물학자들은 협동이 진화 과정에 결정적임을 인식했고, "생명은 전투가 아니라 연결망의 형성을 통해 지구를 장악했다"(Capra, 2009: 244)는 관점이 자리잡았다. 요컨대 카프라는 수십억 년에 걸친 진화의 전개 과정이 모든 살아 있는 시스템 속에 내재된 창조성에 의해 돌연변이, 유전자 교환, 공생이라는 경로를 따라 추동 되었다고 주장한다. 또한 자연선택에 따라 버려진 생물군들은 끊임없이 그 다양성을 증가시키는 형태로 확장되고 강화되었다고 설명한다.

카프라는 마굴리스와 도리언 세이건(Dorion Sagan)의 공저 ≪마이크로코스모스(Microcosmos)≫에서 제시된 공진화 방식을 다음과 같이 요약한다. 전체적 진화 과정에는 계획이나 목표 또는 의도가 존재하지 않는다. 따라서 진보에 대한 그 어떤 증거도 없다. 그러나 발생에 대한 인식 가능한 패턴들이 존재한다. 그중 수렴(convergence)으로 알려진 패턴은 생물들이 비슷한 도전에 직면했을 때 각기 다른 선조의 역사를 지녔더라도 비슷한 형태로 진화하게 한다. 또 다른 놀라운 패턴은 격렬한 성장과 혁신의 시기 다음에 이어지는 격변, 즉 전 지구적 분기점들의 반복적 발생이다. 카프라는 이에 따라 지구 생명 시스템의 진화를 크게 세 단계로 나누어 설명한다. 생명이 탄생할 수 있는 조건이 형성된 전(前) 생물 단계, 미생물의 진화에 해당하는 소우주 단계, 눈에 보이는 생물 형태의 진화인 대우주 단계가 그것이다. 당연히 사람은 마지막 단계에 출현했다.

생태적 공동체를 위한 생태학 원리들

생명 시스템을 형성하는 시스템 내 연결망은 생명의 과정에 내재한 인지적 차원들 덕에 지적(知的)이다. 인지가 곧 생명 과정이라고 보는 산티아고 이론이 생태계 역시 자연의 지혜를 온축한 시스템으로 볼 수 있게 한다. 카프라는 지구 생태계가 자신의 지속 가능성을 극대화하기 위해 30억 년 이상의 진화 과정을 통해 교묘하고 복잡한 방식으로 자신을 조직해 왔다고 강조한다. 따라서 카프라는 생태계를 자기제작하는 연결망과 소산 구조로 봐야 하며, 그러한 관점에 기반해 생태학의 기본 원리에 부합하는 조직 원리를 수립해야 한다고 이야기한다. 또한 그 원리를 인간 공동체를 건설하는 지침으로 삼아야 한다고 주장한다. 카프라는 그 원리의 각론을 발전시키며 생태문해력의 내용을 가다듬은 듯하다. 카프라가 제시하는 생태학 원리들은 다음 여덟 가지다.

① 상호 의존성(interdependency)
② 지속 가능성
③ 생태학적 순환성
④ 에너지의 흐름
⑤ 협력(partnership)
⑥ 변동적 유연성(fluctuating flexibility)
⑦ 다양성
⑧ 공진화(Capra, 2021: 170-175)

이 중 상호 의존성은 생태적 공동체의 모든 구성원이 거대하고 복잡한 관계들의 연결망 즉 생명의 그물 속에서 상호 연결되어 있으며, 각 구성원은 자신의 본질이나 특성을 다른 것과의 관계에서 획득함을 뜻한다. 이는 관계에 대한 이해를 뜻하며, 그 이해는 부분에서 전체로, 대상에서 관계로, 내용에서 패턴으로 관점과 인식의 초점을 전환할 필요성을 시사한다. 생태학적 순환성 즉 생태계의 피드백 루프는 영양분이 지속적으로 재생되는 경로다. 한 종의 생물이 배출하는 폐기물은 다른 종의 생물에게 먹이가 된다. 이런 방식으로 전체 생태계는 아무런 폐기물도 남기지 않고 자신을 유지한다. 생물들로 이루어진 공동체는 수십억 년 동안 끊임없이 광물(미네랄), 물, 공기 등 동일한 분자들을 사용하고 재활용하는 방식으로 진화해 왔다. 카프라는 인간 공동체가 이를 진지하게 받아들이고 따라 해야 한다고 강조한다.

카프라에 따르면 생태계는 물질의 흐름 면에서는 대체로 닫혀 있으나, 에너지의 흐름 면에서는 열려 있다. 이것이 생태계가 개별 생물들과 다른 점이다. 카프라는 이 에너지 흐름의 가장 중요한 원천으로 태양을 꼽는다. 태양에너지는 계속 사용 가능하고 경제적 효율성이 크며, 환경친화적인 유일한 에너지다. 따라서 카프라는 태양에너지 사용률을 높이고 기존 연료 사용을 줄이기 위해 생태세(eco-tax) 위주로 세금을 부과하는 생태학적 세제 개혁을 주장한다. 생태회계감사(eco-auditing) 역시 확대해야 한다고 강조한다. 아울러 상호 의존성, 자원의 순환적 흐름 그리고 협동과 협력은 동일한 생명 시스템 조직 패턴의 서로 다른 면이라고 보고, 그것들이 생태계가 자신의 지속 가능성을 극대화하기 위해 자신을 조직하는 방법이라고 설명한다.

카프라는 이러한 조직 방법에 기초해 한층 더 깊은 고찰을 요하는 질문을 던진다. 생태학적 공동체의 회복력이란 무엇인가? 그 공동체는 외부에서 가하는 교란에 어떻게 반응하는가? 즉 카프라는 생태계가 교란받으면서도 살아남고 끊임없이 변화하는 조건들에 적응할 수 있게 하는 그것의 내적 기능을 묻는다. 이에 대한 답을 추론하면서 생태학의 특징적이고 본질적인 두 원리를 설명한다. 바로 유연성과 다양성이다. 카프라에 따르면 생태계는 그 내부에 존재하는 복수의 피드백 고리들 덕에 유연성을 얻는다. 이 피드백 고리들은 변화하는 환경 조건들로 인해 시스템이 정상 상태에서 일탈할 때 균형을 찾게 해 준다. 유연성이 높을수록 생태 시스템의 적응 능력은 더욱 커진다. 반대로 유연성이 결여되면 그 시스템은 스트레스를 이겨 내지 못하고 경직되어 붕괴하기도 한다. 한편 다양성은 시스템의 연결망 구조와 밀접하게 관련된다. 카프라는 다양성이 회복력과 직결된다고 본다. 연결망이 복잡할수록, 상호 연결성이 복잡할수록 그 시스템의 복원력도 커진다. 생태계에서 연결망의 복잡성은 생물 다양성의 결과다. 다양한 연결망을 자기제작한 생태학적 공동체가 회복력을 지닌다. 이때 다양성이란 서로 다른 여러 가지 관계, 동일한 문제에 대한 서로 다른 수많은 접근 방식을 가리킨다. 카프라는 이러한 다양성이 클수록 공동체가 변동적인 교란에도 잘 적응한다고 주장한다. 단, 활기를 지닌 관계망이 지탱하는 공동체일 경우에만 다양성이 장점이 될 수 있다고 설명한다.

카프라는 상호 의존성, 재생, 협력, 유연성, 다양성 그리고 이 모든 것의 결과로서 지속 가능성을 생태학의 기본 원리로 간주한다. 인류의 존속 여부는 우리가 이들 원리를 다루는 지식과 삶의 양식으로 발휘되는 생태학적 소양을 지닐 수 있는지 없는지에 달려 있다.

참고문헌

Capra, F.(1996). *The Web of Life: A New Scientific Understanding of Living Systems*. Anchor. 김용정·김동광 옮김(2004). ≪생명의 그물: 살아 있는 시스템들에 대한 새로운 과학적 이해≫(2판 3쇄). 범양사.

Capra, F.(2009). The New Facts of Life: Connecting the Dots on Food, Health, and the Environment. *Public Library Quarterly*, *28*(3), pp. 242-248.

Capra, F.(2021). *Patterns of Connection: Essential Essays from Five Decades*. University of New Mexico Press.

Capra, F. & Luisi, P. L.(2014). *The Systems View of Life: A Unifying Vision*. Cambridge University Press.

Capra, F., Steindl-Rast, D., & Matus, T.(1992). *Belonging to the Universe: Explorations on the Frontiers of Science and Spirituality*. HarperCollins Publishers.

Margulis, L. & Sagan, D.(1986). *Microcosmos: Four Billion Years of Microbial Evolution*. Summit Books.

프리초프 카프라(Fritjof Capra, 1939~)

시스템 사고에 입각한 생명 시스템 패러다임 사상가이자 생태문해력 교육 계몽가다. 1960년대 후반 오스트리아 빈대학교에서 물리학 박사 학위를 취득한 이래 현대 과학 이론이 발전한 맥락을 다루는 저술을 지속적으로 출판했다. 대략 13권의 저술을 통해 현대 과학의 진전 과정과 그 귀결점을 이해하기 쉽게 재구성했다. 이로써 과학사와 과학 사상을 이해할 장을 마련했고, 현존하는 이론들을 융합해 비생물과 생물을 아우르는 생명 시스템 이론을 창조적으로 설계했다. 생명 시스템 패러다임 성립을 다룬 저술 ≪시스템적 생명관(The Systems View of Life)≫ 등을 출판했다. 카프라 과정(Capra Course)을 설립해 과학의 최전선에서 생명에 관한 체계적 견해를 탐구하는 법과 그 견해를 경제, 경영, 정치, 디자인, 의학, 법률 분야에 응용하는 법 그리고 생태문해력을 높이는 법을 교육하고 있다.

유권종

중앙대학교 철학과 명예교수. Enactivism, 시스템 사고, 인지과학, 구성적 실재론 등 현대 과학·과학철학 이론을 동양철학·한국철학에 접맥해 새로운 연구 관점을 모색해 왔다. 저술로는 한국 유교의 도상 5000여 건을 바탕으로 정리한 ≪한국 유교 도상의 역사≫(2020), 공저로는 인지과학·인공지능 프로그램을 응용한 유교 예교육의 타당성을 탐구한 ≪유교적 마음모델과 예교육≫(2009), 조선 시대 유학자 장현광의 예학과 성리학 이론을 재해석한 글을 실은 ≪여헌학의 이해≫(2015), ≪여헌 장현광의 학문 세계≫ 1·3·4권(2004~2012), 비교문화적 관점에서 시대별·지역별 재난과 철학의 관계를 탐구한 *Catastrophe and Philosophy*(2018), 구성적 실재론을 동양철학 연구에 응용할 가능성을 탐구한 *Constructing Reality/Realität konstruierend*(2016), 음식문화와 환경윤리의 관계를 논한 글을 실은 *Encyclopedia of Food and Agricultural Ethics*(2014) 등이 있다. 공역으로는 프란시스코 바렐라의 ≪윤리적 노하우≫(2009), ≪논어≫, ≪중용≫, ≪대학≫(이상 2016) 등이 있다.